永續的里山自然資本經營

日經 ESG 高級編集 藤田香 著　沈盈盈 譯

祕魯的亞馬遜雨林。上圖為在空中爭奪的蜂鳥。下圖為吼猴親子。
照片：山口大志「亞馬遜密林時間」寫真集

永旺超市內販售取得 ASC 認證的永續海鮮。出處：永旺

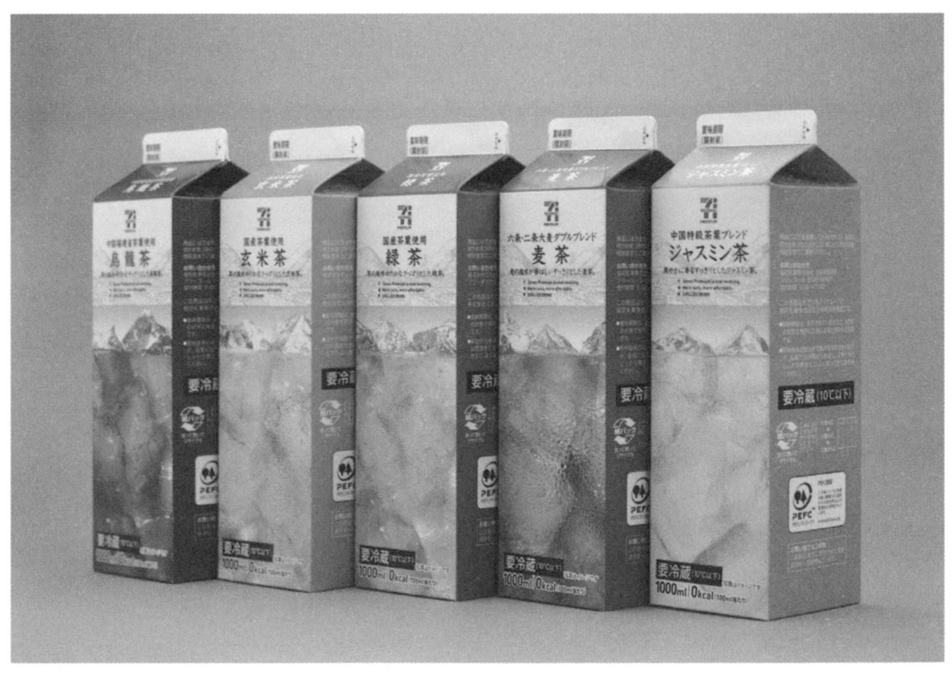

7-11 陳列架上排列整齊、印有 PEFC 森林認證的紙盒茶飲。出處：日本 7-11

利用天然橡膠製成的橡膠板。使用於汽車的天然橡膠已經成為新的雨林風險。出處：WWF 日本

東京奧運的新館場——新國立競技場。大量使用森林認證木材和國產木材。
出處：大成建設、梓設計、隈研吾建築都市設計事務所 JV 製作／ JSC 提供

棕櫚油廣泛使用於浴廁用肥皂、清潔劑和食品工業。婆羅洲將熱帶雨林開發成油棕樹園。
照片：山口大志

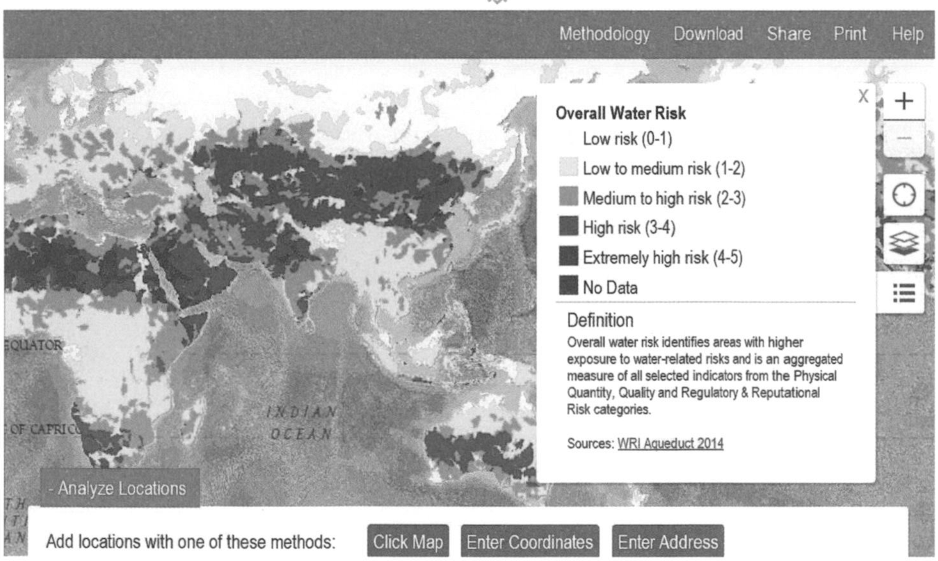

透過世界資源研究所（WRI）的水風險評估工具「Aqueduct」，企業可以了解自身的水風險。
出處：WRI Aqueduct

東海道新幹線列車上販售的雨林聯盟認證咖啡。出處：JR 東海

Mercian 的葡萄園——「椀子葡萄酒園」，地面留下草原生長，既可以栽種葡萄，也可以維持生物多樣性，兼顧生態系統與農業振興。出處：麒麟集團

森大廈的「ARK HILLS 仙石山森之塔」。該案依據經調查的潛在的自然植被資料進行植栽綠化，並與其他綠地建構出生態綠網。出處：森大廈

響應 SDGs 的滋賀縣甜點老舖 TANEYA。店裡的糕點全部利用天然食材製作。為了讓員工了解自然，也在園區內以有機方式種植稻米。出處：藤田香

聯合國永續發展目標「SDGs」共有 17 個目標，與自然資本的經營息息相關。

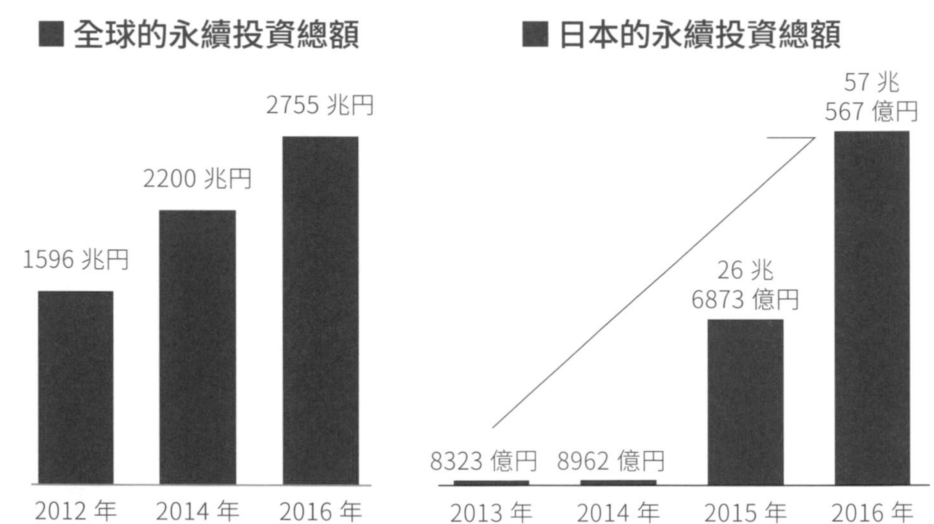

全球的永續投資（半數為考量 ESG 的投資）無論是日本或全球都大幅成長。投資人根據企業對自然的因應措施來進行投資判斷。出處：日本永續投資論壇（JSIF）

	總公司（門市、倉庫、辦公室）	第一層供應商（組合裝配）	第二層供應商（製造生產）	第三層供應商（原料加工）	第四層供應商（原料生產）	合計（歐元）
空氣汙染						10% 8150 萬
二氧化碳						37% 3 億 330 萬
土地使用						24% 1 億 9140 萬
固體廢棄物						5% 4350 萬
水資源消耗						12% 9340 萬
水質汙染						12% 9810 萬
合計（歐元）	7% 6110 萬	15% 1 億 2440 萬	5% 3930 萬	28% 2 億 2390 萬	45% 8 億 1120 萬	100% 8 億 1120 萬

旗下有 Gucci 等名牌的開雲集團將整體供應鏈活動對環境所產生的影響量化成貨幣金額，做自然資本會計揭露。出處：日經 ESG

■ 自然資本經營及資訊揭露

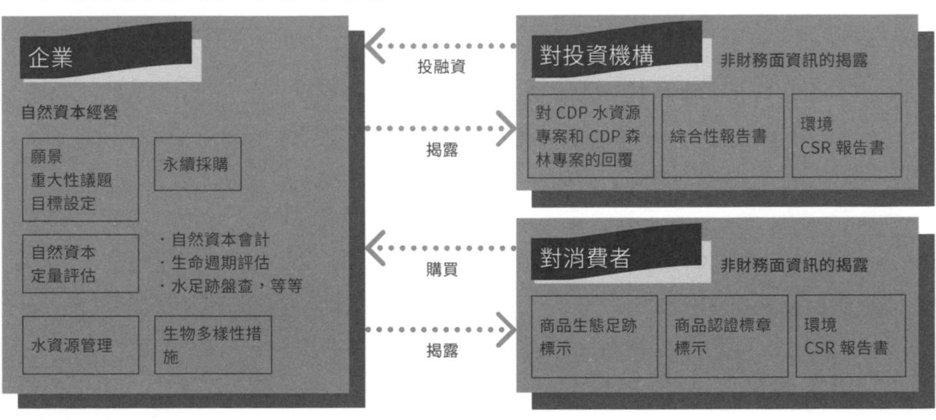

企業為經營自然資本所採取的行動、進度等相關資訊有必要向投資人公開。出處：藤田香、日經 ESG

出版序

林華慶
行政院 農委會林務局局長

生物多樣性代表地球上所有生命現象的集合，回歸到《生物多樣性公約》的三大目標：保護生物多樣性、永續利用及惠益均享，會發現《生物多樣性公約》關心經濟、社會及環境間的平衡，公約設定的2050年願景「人類與自然的和諧共存」，希望生物多樣性能受到重視、保護與合理利用，讓所有人能分享生物多樣性帶來的惠益。

自然資本可以定義為世界天然資產存量，包括土壤、空氣、水和所有生物。人類從這些自然資本中獲得了廣泛的服務，通常被稱為生態系統服務（ecosystem services），使人類的生活成為可能。2005年聯合國千禧年生態系統評估報告，進一步歸納出涉及經濟、社會、環境等永續發展面向的供給、文化、調節、支持這四大生態系服務功能。一個健全的生態系經由複雜的運作，提供多元的產品及服務，可對人類社會與環境帶來諸多效益：提供食物、調節氣候、維護生物多樣性等。這些效益不論是直接或間接，有形或無形，廣義上稱為「生態系服務」。

本書不再僅由生態系統的角度去探討生物多樣性及自然資本保育，而由企業經營管理去呈現包括水、空氣、森林和海洋資源等自然資本的匱乏對企業的衝擊，進而促使企業從原料獲取及生產製造等面向，提出對於環境更友善的方式，由企業經營管理的角度切入日本企業對於永續林業、永續海鮮、水資源、土地利用及農業生產等友善措施，更進一步介紹國際企業對於維護自然資本的策略及方法，讓大眾更深入了解，實務上如何使環境永續及生物多樣性保育在商業經營與經濟發展的人類活動下獲得兼顧的可能。

在《永續的里山自然資本經營》這本書裡看到許多大企業都紛紛有自覺地以 SDGs 為目標，開始讓自己的生產製造朝向永續綠色經濟前進，十分令人欣慰。台灣的林業也正走在重振路上，目前台灣林業企業規模雖然不大，但新竹永泰（正昌）與屏東永在的兩家林業合作社都先後加入 FSC（Forest Stewardship Council 森林管理委員會）的認證，獲得這些國際森林的認驗證也是實踐 SDGs 目標。正昌的林場更與林務局合作，讓非常多包括有志的工作者到中學、高職，讓學生了解友善森林的經營，或提供林場做為學習的場域，或環境教育，並推動觀光林場，儘管其企業體規模極小，但都積極以綠色概念自我期待永續經營。

除了林務生產外，跟森林相關的產業我們也推動林下經濟、生態旅遊，或是森林療癒，其中，苗栗賽夏族人2018年與林務局新竹林管處簽訂夥伴關係協議，共管山林資源，在蓬萊部落當地蓬勃發展山村綠色產業，包含「娃哇樂」品牌森林蜜、段木香菇、蓬萊仙雞，也開始帶領訪客走進山林體驗五感療癒，部落也找回生產與生態的平衡。

林務局與社團法人台灣環境教育協會出版本書，正是引介國際上對生物多樣性的潮流趨勢，希望更多民眾與企業認識自然資源的效益多元、以及永續綠色產業。而做為地球公民的一份子，大家如何更有共識地參與里山倡議的理念，在循環永續上盡一分力，《永續的里山自然資本經營》深具參考價值。

導讀

柳婉郁
中興大學森林系特聘教授

地球歷史上曾發生過五次大規模的集群滅絕事件，在伊麗莎白．寇伯特的《第六次大滅絕：不自然的歷史》一書中，用生動的筆觸描述多種已消失的物種以及瀕危生物，說明第六次物種大滅絕正在進行與加速中，而這次的物種大滅絕卻是由人類所主導。然而，地球生態系統服務與人類日常生活息息相關，我們習以為常的仰賴地球生態系統提供的各項服務，如水資源、淨化空氣、木材與纖維生產、糧食及土壤環境等多樣服務，但同時人類的生活型態改變及對環境危機意識的不足，卻也造成地球生態系統的負擔。由於文明的進步，人類貧困減少、預期壽命變長，但現在卻因為過度消耗資源，造成地球超載、生物數量與種類大量減少的狀況。這些情況可能讓一切逆轉，讓人類走回貧病交迫的老路。極端氣候乃至COVID-19 疫情，也許就是大自然給人類最好的警訊。

「生物多樣性」一詞是在 1986 年被提出，泛指地球上所有植物、動物、真菌及微生物物種。自 1992 年《生物多樣性公約》在地球高峰會正式簽署通過，成為一項具有國際法律約束力的條約，目的在保護地球生物多樣性與永續性發展；2010 年在名古屋召開的《生物多樣性公約》第十屆締約方大會（COP10）中通過了里山倡議，以謀求兼顧生物多樣性維護與資源永續利用之間平衡的願景。其生物多樣性的戰略計畫（即愛知目標）希望達成「到2050年前，透過評估、保育、復原以及合理利用生物多樣性，使生態系統服務能夠永續，使地球環境能夠健康，使所有人都能夠獲得必要的自然恩惠，使世界成為『與自然和諧共生』的世界」。東京奧委會也於2017年發表「永續採購準則」，要求所有的物料採購、服務提供都必須符合這套規範，所有的農產品、畜產品以及水產品必須符合其採購標準。

本書以里山永續生態系統出發，探討生物多樣性的行動實踐，從單純的野生動植保育、到整體供應鏈對地球自然資本與生物多樣性所造成的衝擊，並進一步描述日本多家企業從原料獲取、生產製造、乃至後端廢棄處理等，對環境更友善並納入生物多樣性的做法。具體作法包括使用FSC（森林管理協議會）或PEFC（森林認驗認可系統）之森林管理認證的紙張，以維持森林生態系統的生物多樣性以及保護珍貴稀有的植物。又例如為了永續利用水產資源，需採用獲得MSC（海洋管理委員會）認證的野生捕撈魚獲以及ASC（水產養殖管理委員會）認證的水產養殖產品。此外，在保護自然資本的同時，透過 CSV（創造共享價值）提升公司競爭力與改善農家勞動環境，不但創造經濟價值，也為社會創造價值。

在環境意識高漲的社會趨勢下，聯合國在 2015 年發布《聯合國永續發展目標（SDGS）》，成為國際間重要的永續發展依據，同時對於企業相關規範越來越嚴格，從企業社會責任（CSR）到現今發展的 ESG（環境、社會與公司治理），投資人透過 CSR 及 ESG 報告中相關資訊的揭露，可幫助投資人瞭解企業對環境永續發展的作為與發展，亦成為投資人決策的主要指標之一。永續發展已成世界各大企業重要經營目標，本書中除了所列舉之日本企業實例，同時亦介紹國際間知名企業如雀巢、聯合利華、開雲集團、IKEA、Google 等典型案例。有鑑於此，世界各國企業為能符合國際發展趨勢，對於永續環境投入的資本也相對提升，不僅要求本身企業需達到企業永續目標也開始要求相關供應鏈需符合標準，例如蘋果、Google、微軟、亞馬遜等國際大廠都大力推展再生能源，並要求其供應商也需使用綠電。臺灣供應商也在其客戶要求下，需逐步提供綠電使用量，臺積電就在蘋果要求下，即承諾於 2050 年底之前，全球據點將全面使用再生能源。目前已有許多大型國際企業投入更多資源在維護自然生態環境，成為企業重要的自然資本，同時也成功帶動中小型企業朝永續發展的方向邁進。本人參與 TCSA 臺灣企業永續獎評選，欣見臺灣各大企業於永續發展的努力，透過測量與管理溫室氣體排放，減少氣候變化之衝擊，進行實際減碳行動，以提升企業價值與達成永續經營理念。

好消息是，WWF（世界自然基金會）研究指出，只要花心力復育與復原動植物生存的環境，生物多樣性下降趨勢並非不可逆。本書不僅凸顯出日本各企業對生態環境保護的方針，同時列舉全球企業的永續方發展趨勢，透過教育大眾瞭解永續發展與自然資本經營，可喚醒更多民眾對這些議題的重視，同時點出企業在地球永續發展扮演著不可或缺的重要角色，透過企業的 ESG 發展及其力量支持用續與友善生產，更是成為永續企業重要關鍵，相信藉由本書在這些議題上運用眾多實例詳加說明、極具參考價值，非常值得企業與一般民眾閱讀。

前言

藤田　香

2010年，第10屆生物多樣性公約締約國大會（COP10）在名古屋舉行，自此以後，逐漸有越來越多的企業加入回應生物多樣性的行列。時至今日，7年過去了，對於企業為保護生物多樣性所採取的行動，一般有3種看法。有人認為：「沒什麼太大的進展。」有人表示：「包括起步較晚的企業在內，各行各業紛紛投入資源展開行動，保護生物多樣性已經取得了大幅度的成長。」還有人指出：「開始觸及水和空氣等自然資本的概念，使得保護生物多樣性的面向更寬廣。」

就筆者來說，比較傾向第3種看法。在保護生物多樣性的行動實踐上，已經從單純的野生動植保育，來到了從整體供應鏈思考對生物多樣性所造成衝擊的時代了，企業紛紛從原料獲取、生產製造乃至後端廢棄處理等，提出對環境更友善並納入生物多樣性的做法。而且最近，地球自然資本的概念不再侷限於生態系統，包括水和空氣在內等其他自然資本開始受到關注，企業思索如何減少這些自然資本受到衝擊的想法逐漸成形。企業回應生物多樣性的行動的的確確在不停地擴大當中。

帶動這股風潮者，一是全球對 ESG（環境、社會、公司治理）的投資大幅成長，另一則是聯合國公布了 SDGs（永續發展目標）。投資人關注的議題很明顯的開始轉向「自然」。CDP 也從初始的鎖定氣候變遷議題，發展出更多元的專案，包括 CDP 水資源、CDP 森林等揭露專案，標的逐漸擴及水和森林等自然資本。在一些向自然界索取、調用原物料的現場，往往伴隨著惡劣的勞動環境，很容易引發侵害人權的事件，貧窮、飢餓、貧富不均也如影隨形。SDGs 與自然資本管理息息相關，兩者之間切也切不斷的關係不言可喻。對日本來說，SDGs 與地區問題、地方創生同樣是密不可分。

企業所處的今天是一個必須關注 SDGs 的實現與重視 ESG 投資的時代，企業究竟該如何推動生物多樣性的經營以及自然資本的管理？本書所介紹的內容可以提供企業參考。

第 1 部首先講述為什麼會出現自然資本這個概念的經緯，一些重要關係人對自然資本的想法、自然資本與 ESG 投資和 SDGs 的關係以及東京奧運會的承諾等做扼要的說明。第 2 部和第 3 部介紹筆者多年來採訪的企業案例。筆者就 COP10 之後的採訪，尤其是近五年針對生物多樣性及自然資本所做的報導，重新做了歸納彙整與編排。

第2部主要介紹日本企業，第3部則是聚焦於聯合利華（Unilever）、雀巢（Nestle）等在永續經營方面有一定評價的跨國企業。豐富的案例是本書最大的特色。第4部則在探討自然資本管理揭露系統的未來趨勢。就筆者的觀察，無論從哪個層面來看，企業必須揭露自然資本相關財務風險的時代就要來臨了。氣候變遷相關財務風險已經開始進行揭露了，現在再看到重要成員的名單，很容易就可以聯想到，不久的將來勢必要揭露自然資本相關財務風險。讀者們不妨也一起思索這個問題。

筆者在2009年主編「不落人後的生物多樣性讀本」，2010年企劃「從70個企業案例看生物多樣性讀本」，2012年編輯「用森林創造經濟，開拓綠色經濟時代」，本書則是一部網羅了2012年之後眾多企業案例的著作。在執筆的過程中，深刻體會到生物多樣性的範疇儼然成為主流議題，不僅企業的行動涵蓋面向更廣，所謂自然資本的新概念已然成形，連投資人都開始關注。

重新編排這些既往的採訪報導時，盡可能將資料更新至最新版本，無法取得的部分則以採訪當時的資料為準。對於這些積極因應潮流趨勢以及力圖永續經營的企業，他們的態度才是筆者想要傳達的重點。

我們可以從書中揭載的每一個案例看到，企業在採取因應行動時所進行的變革和進化，一一成為筆者採訪的成果。想到這一點，由衷感謝企業界的各位朋友。

無論是從現在開始想要回應生物多樣性、經營自然資本的企業，或者正在行動中、希望能得到嶄新啟發的企業，本書若能具有參考價值，筆者將感到非常高興。此外，筆者也期待校園裡的學生、社會上的上班族也能夠閱讀本書，將本書當成了解自然這個切身議題的環境教育書籍。

1.

生物多樣性及自然資本的全球趨勢

ch1 從生物多樣性出發，擴大到自然資本的潮流

2017 年夏天，被日本列為特定外來入侵種的紅火蟻隨著貨櫃自境外登陸，消息一經證實，引起日本全國上下一陣恐慌。即便該貨櫃貨物的進口業者並沒有夾帶紅火蟻入境的意圖，但業者如果未盡驅除應有之責，將依規定被課以罰金，該罰金金額最高可達一億日圓。前述的問責規定見於自 2013 年起生效施行的改正外來生物法。對企業來說，雖然是無意中帶進紅火蟻，也無法免責。

另一個話題同樣和交通運輸業有關。近幾年，熱帶雨林遭到破壞成為日本豐田汽車、美國通用汽車（GM）和法國米其林輪胎等汽車業者及輪胎業者的重大議題。輪胎工業消耗了大部分的天然橡膠，隨著開發中國家的經濟發展，預料今後對汽車的需求量將進一步提升，對輪胎的需求也就隨之不斷增長。

結果造成許多原本是熱帶雨林的土地遭到破壞，被開墾成農園種植橡膠，以供應市場需求。在還未引發全球物種及生態毀滅性浩劫之前，汽車業者及輪胎業者開始關注並制定橡膠產地的環境規範、勞動條件以及人權基準。

在跨國經營的全球化浪潮中，企業本身如果對供應鏈上、下游出現的問題視而不見，永續經營將變成不可能的目標。當此之際，最重要的是必須站在「地球的自然資源有限」的觀點作考量。企業從各式各樣

■ 從生物多樣性經營擴大到自然資本經營的歷程

出處：藤田香、日經 ESG

生物多樣性經營

1992年	2010年	2011年	2012年	2015年	2016年
舉行地球高峰會	舉行 CBD-COP10 並通過愛知目標和名古屋議定書	公布商業經營與人權議題的相關指導原則	舉行里約 +20 發表自然資本宣言	公布 SDGs	發表自然資本議定書

的自然資源，例如森林資源、水資源中取用各種物質作為原物料，藉以拓展事業版圖。

生物多樣性具備了多重功能，例如涵養水源、防止洪患等，企業又從中直接或間接得到這些利益（生態系服務），使得經營得以成立。對企業來說，推動生物多樣性的保育與永續利用，不僅是支撐企業生存之必要作為，也是本業應該積極因應的重要經營課題。

從名古屋 CBD-COP10 到里約 +20 的轉變

上述企業與生物多樣性之間的關連，目前正處於轉捩點。自然資本不再只限於生態系統，其他譬如空氣、水、土壤等存在於大自然中的一切，全部被視為地球資源。企業如何兼顧自然環境與自身發展，如何透過「自然資本經營」，在不損及這些自然資本的前提下發展事業，已然成為世界潮流。為什麼會出現這種轉折呢？讓我們稍微回顧一下這段歷史。

促使生物多樣性保育行動在日本企業間蔓延開來的契機，當然是 2010 年聯合國在名古屋舉行的第 10 屆生物多樣性公約締約國大會（COP10）。在這場聯合國會議中，制定了未來 10 年（至 2020 年）全球共同保護及永續利用生物多樣性的行動計劃，也就是「愛知目標」。除此之外，也同時通過了在利用基因資源時，應公平分享利益的「名古屋議定書」。

無論是愛知目標或是名古屋議定書，都強烈地驅策企業必須採取相應的行動。愛知目標第 4 項目標：「執行可永續生產和消費的計畫。」想

2017 年
ESG 投資
成為趨勢

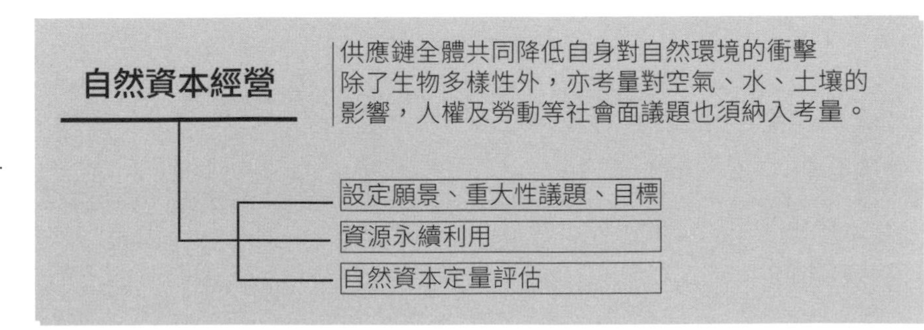

要達成這個目標，就必須從原物料取得乃至於製品產出的每一個環節，都將生物多樣性列入考量，也就是說，所有的企業都要與這個目標有關連。

再看第 5 項目標：「使包含森林在內的所有自然棲地的喪失和退化趨近於零。」以及第 7 項目標：「農業、水產養殖業及林業都能實現永續管理。」按此，凡是採購或利用礦產資源、木材、棕櫚油和農產品的高科技產業、貿易公司、化學產業和食品加工業等企業，都無法置身事外。

其他如第 6 項目標：「永續的漁撈和收穫。」便是在督促以水產資源為生的零售商和提供外食服務的企業，必須採取行動才能使目標實現。另一方面，名古屋議定書制定的規則，其所涵括的業別、業種就更多元、廣泛了，從與醫藥品、化妝品、園藝有關的企業，到利用生質資源的高科技產業，為數眾多的企業都必須妥善因應相關的風險。

接受 CBD-COP10 的決議並針對生物多樣性擬定策略方針及行動目標的企業變多了，開始導入了一些改善措施，例如採用對環境衝擊較小的原物料、工法代替原本衝擊較大的做法；連結生物多樣性，研發友善環境的產品以及廠區闢建綠地等等。企業紛紛展開行動，活動範圍變廣，內容也越來越多元。

地球資源問題浮上檯面

因應生物多樣化的行動走到今天，已然升級、進化成為「自然資本的經營」。什麼是自然資本經營呢？首先要認識自然資本。生物多樣化當然就不必說了，其他如空氣、水、土壤等存在於地球上的自然資源，全部被視為能夠產生價值的「資本」，就跟財務資本一樣，是支撐企業生存與發展的命脈。所謂的自然資本經營就是使全體供應鏈減低對自然資本負面影響的經營。

之所以會出現自然資本經營的想法，主要有兩個原因。第一個原因是席捲全球的資源匱乏問題日益嚴重。全球人口數已經突破 70 億，預估在 2050 年時將達到 90 億之多，世界正面臨資源減少、枯竭的危機。根據聯合國糧農組織（FAO）的資料顯示，2000~2010 年期間，世界森林總面積平均每年減少 521 萬公頃。

■ 愛知目標

20 項子目標一覽

目標 1	所有的人都認識生物多樣性的價值並知道能夠採取哪些行動。
目標 2	在規劃國家和地方發展計畫時，應整合考量生物多樣性的價值，且適時將其納入國家財務報告系統。
目標 3	廢除及改革會對生物多樣性造成危害的獎勵措施。
目標 4	所有的關係者都執行可永續生產及消費的計畫。
目標 5	使包括森林在內，所有的自然棲地喪失和退化程度至少減半，甚至於零損失、零退化。
目標 6	所有的水產資源都能永續的漁撈和收穫。
目標 7	農業、水產養殖業及林業都能實現永續管理。
目標 8	將污染控制到不危害生態系的範圍。
目標 9	控制或根除入侵外來物種。
目標 10	將對脆弱生態系的不良影響降到最小化。
目標 11	至少有 17%的陸地和 10%的海域被列為保護區，進行有效的保育管理。
目標 12	防止瀕危物種滅絕，並防止數量下滑的族群成為瀕危物種。
目標 13	保護農作物、家畜的基因多樣性，使其基因多樣性受損的範圍降到最小。
目標 14	保育及恢復生態系服務，並能提供給弱勢者。
目標 15	透過保育行動至少恢復 15%退化的生態系，藉以減緩與調適氣候變遷。
目標 16	施行與遺傳資源利益分配有關的名古屋議定書。
目標 17	制定有效且具參與性的國家策略和行動計畫。
目標 18	尊重傳統知識。
目標 19	改善相關的知識、科學技術。
目標 20	大幅提高執行行動計畫的資金及資源。

出處：按環境省資料由日經 ESG 製成

在里約+20上，聯合國環境規劃署金融倡議（UNEP FI）發表「自然資本宣言」。

出處：聯合國照片（UN Photo）

在全球海洋漁業資源方面，僅有10%屬於資源是穩定的狀態，其餘的90%都因過度捕撈或擴大漁業規模而處於嚴峻的狀態。

水資源也有同樣的匱乏危機。在全球暖化的影響下，人類可利用的水資源數量持續下降。經濟合作暨發展組織（Organization for Economic Co-operation and Development，OECD）預測，到了2050年，全球有超過40%的人口將面臨缺水問題。屆時供應原物料的工廠即會面臨無水可用的危機，直接對生產線以及公司經營造成衝擊。對企業來說，保護自然資本即代表重要原物料的穩定供給。

接下來要說的是第二個原因，也就是如何權衡各種環境負擔的問題。原本是為了遏止氣溫升高的抗暖化對策，最後反而對生物多樣性帶來威脅。以生質燃料為例，和化石燃料相比，燃燒生質燃料的確釋出較少溫室氣體，但為了供應生質來源，人們卻砍伐森林、破壞森林，結果竟是對生物多樣性造成負面效應。

另外一個顯而易見的情況就是企業雖然降低了本身對環境的負擔，但其上、下游製造材料、零件的供應商對環境所造成的負面影響卻擴大了。譬如利用燃料電池車、電動車取代汽油車的例子，燃料電池車、電動車在行駛當中確實削減了二氧化碳的產生量，但供應鏈在製造零件、組件的過程卻可能增加了溫室氣體二氧化碳的排放。

因此，在世界各地進行生產和消費的企業，必須以系統性的思考來看待自身活動對地球環境所造成的影響。企業進行永續供應鏈管理，偕同整體供應鏈的力量，減少生產對地球環境的負荷，這就是「自然資本」的想法。

之所以有越來越多的產業和國家意識到自然資本的概念，要說到 2012 年在巴西里約熱內盧舉行的「聯合國永續發展大會（里約 +20）」。筆者當年也曾到現場為這場聯合國會議進行採訪。這場會議透過討論，做出了重要決議並發表宣言，這些結果促成了日後企業資訊揭露應含括「環境、社會和公司治理」（Environmental, Social, Governance，ESG）三面向，及金融機構對 ESG 投資日益增加。這些動向都與自然資本的動向高度相關。

金融機構與企業界在里約 +20 現場高喊「自然資本」

在里約 +20 峰會上，由世界銀行和聯合國環境規劃署（UNEP）聯合舉辦的「自然資本高峰會」，可說是里約 +20 場邊最受矚目的焦點會議。出席這場會議的與談人清一色為重量級的人物，除了英國副首相、挪威首相等政府首腦外，還有許多世界級大企業的負責人，包括英國與荷蘭合資的跨國消費品公司聯合利華（Unilever）的首席執行長保羅・波爾曼（Paul Polman）、全球運動品牌大廠 PUMA 的董事長兼執行長尤亨・塞茲（Jochen Zeitz），都出席盛會。

會議中，世界銀行發表了「WAVES（生態系服務價值與評估方法）」行動方案，倡議各國將自然資本的價值納入國家的會計系統，同時啟動了「50：50 計畫」，要募集 50 個國家和 50 間企業，在其國家會計系統或企業會計系統中，納入自然資本項目並核算其價值。已知有 59 國、88 家企業簽署，聯合利華和 PUMA 就不用說了，其他大型企業如美國的零售業龍頭沃爾瑪（Walmart）、瑞士最大的食品製造商雀巢、美國戴爾和美國全錄（Xerox）等，紛紛簽署響應。

PUMA 的董事長塞茲甚至於在會議上，親自發表本身與全體供應鏈的「環境損益評估」，也就是所謂的「自然資本會計」，將企業營運對地球自然資本的影響，轉化成財務字眼的報告，掀起偌大的話題熱潮（參考第 50 頁）。關於 PUMA 的報告書內容，筆者在本書後面的章節將作詳細的說明。企業針對自然環境，將營運對其造成的衝擊予以貨幣化，並由公司最高層親自對外揭露、說明，可謂影響深遠。

在里約 +20 的另外一個會場，聯合國環境規劃署金融倡議（United Nations Environment Finance Initiative，UNEP FI）發布了「自然資本宣言」，這個會場集結了來自全球的主要金融機構，共同呼籲應將企業是否有保護自然資本的作為，納入投資、融資的考慮範圍之內。不以保護自然資本為己任的企業，不但無法獲得永續的原物料供應，也可能與當地的居民發生糾紛，使得事業無法繼續經營，對這一類企業進行投資、放款的金融機構，本身也暴露在風險之中，因此，銀行團領袖們表示將投資、融資的判斷標準融入重視自然資本的觀點，有助於穩定與永續經營。

除了上述以外，還有另外一個不得不提的行動，那就是由金融機構共同發表的「永續證券交易所倡議」。這是一個呼籲全球證交所應該要求旗下上市公司除了揭露傳統財務資訊以外，也應揭露 ESG（環境、社會與公司治理）等非財務資訊的倡議，資訊揭露成為掛牌交易的必備條件。倫敦和南非約翰尼斯堡等歐美及亞洲地區的證券交易所，已經成為該倡議的夥伴交易所，他們強制要求在所屬交易所掛牌的上市公司必須揭露非財務相關的資訊。歐盟委員會則通過非財務資訊揭露指令，凡是員工超過 500 人以上的公司，都必須自 2015 年起在年報中納入非財務聲明。

從自然資本高峰會、金融機構自然資本宣言到永續證券交易所倡議，出席這些重要會議的關鍵人物，除了企業領導人及銀行團領袖以外，還包括了制訂環境、CSR 報告書框架的 GRI（全球報告倡議組織，Global Reporting Initiative）以及制訂整合性報告書的主要規範與架構的 IIRC（國際整合報告書代表會，The International Integrated Reporting Council）；此外，推動企業揭露環境相關資訊的 CDP（Carbon Disclosure Project）專案負責人，也參與其中。

這意味著什麼呢？為了解決地球的資源問題，企業將自身營運活動帶給自然資本的衝擊予以具體量化，並且換算成經濟成本向關係人揭露。金融機構則就該揭露訊息給予評比。回顧 ESG 非財務訊息揭露與 ESG 投資日益受到重視的歷程，很明確的，里約 +20 功不可沒。

降低對環境的衝擊，供應鏈人人皆有責

所謂的自然資本經營究竟是什麼樣的經營呢？讓我們重新整理一下重點。

一、除了生物以外，其他如水、空氣、土壤等地球自然資源，全部都被視為經營的基礎，企業因為營運對這些自然資源造成衝擊與壓力，如何降低前述衝擊與壓力的經營就是自然資本經營。企業在進行自然資本經營時，必須權衡、兼顧地球暖化對策、水資源對策並考量對生態系的影響，進而界定出重要議題採取行動計畫。

二、自然資本的經營不僅考量企業本身，它同時還需要將整體供應鏈一起納入考量。企業本身的供應商，或者是供應商的供應商都有可能帶給環境莫大的負荷，因此，企業進行供應鏈管理時，必需考慮供應鏈中各個環節的環境問題。

三、除了環境問題以外，自然資本的經營也是一種必須將人權和勞動等社會問題納入考量的經營。人權和勞動屬於「人力資本」方面的問題，雖然與自然資本性質不同，不過，在自然資源供給的現場，主要都依靠大量的勞工進行農作物種植、礦產開採等生產行為，很容易衍生人權和勞動等方面的問題。

真正的自然資本經營還須要保障並維護在自然資源供給現場，提供勞務服務的全體員工的權益和健康，設法增加他們的收入所得，改善他們的生活品質。這也是一種能夠使企業永續利用自然資源的經營。

聯合國在 2015 年發表了永續發展目標（SDGs），17 個目標涵蓋了貧窮、健康和環境等各種議題。其中多個目標與自然資本經營息息相關。出處：聯合國

■ 全球永續投資金額

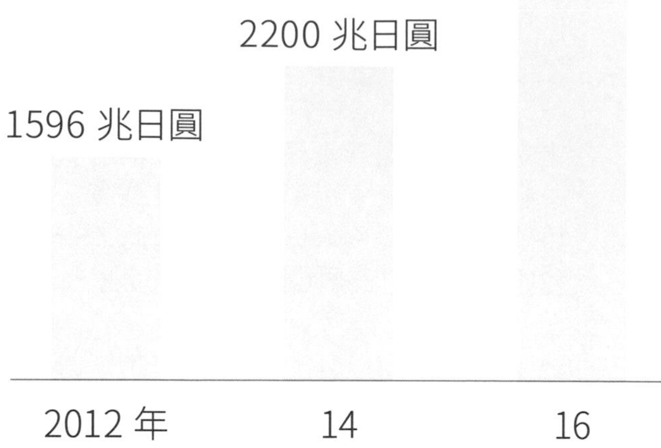

出處：日本永續投資論壇（JSIF）

全球的永續投資（半數為考量 ESG 的投資）在近五年內大幅成長。（編注：日圓對臺幣率為：1:0.27）

自然資本經營將對 SDGs 做出貢獻

促使自然資本經營方興未艾的關鍵，還有以下幾個動向：

一、聯合國公布「永續發展目標」（SDGs）。SDGs 揭示了在 2030 年前，需集全世界之力一同努力達成的 17 項永續發展目標和 169 項具體子目標，這些目標包括了亟待解決的環境、社會和貧窮等議題。

其中，與自然資本有關的目標也不少，例如目標 6「潔淨水資源」、目標 14「海洋生態」、目標 15「陸域生態」，要解決的就是自然資源本身的問題。目標 12「責任生產與消費」則是結合了自然資本的概念，透過供應鏈管理，串連上、下游廠商共同降低企業營運對環境、社會的衝擊。

供應鏈上的所有企業都要將自然資本的概念融入原物料的取得、加工製造等每個環節當中，重新檢視製程，生產出對環境友善的產品，供消費者選擇、使用，一起對 SDGs 做出貢獻。

二、投資思維的改變。積極在 ESG 三個面向力求表現的企業，吸引了更多投資人的支持，也就是說，所謂的「ESG 投資」近 5 年來快速成長。根據日本永續投資論壇統計，全球相關永續投資（大多為整合 ESG 因子的投資）金額在 2012 年為 1596 兆日圓，到了 2016 年規模已達 2755 兆日圓，成長相當快速。全球最大的退休基金、擁有 140 兆日圓資產的「日本年金管理運用獨立行政法人」（Government Pension Investment Fund，GPIF），正式在投資決策中將 ESG 列入考量一事，相信大家記憶猶新。

GPIF 自 2017 年 7 月開始，將 1 兆日圓的資金投入對環境、社會與公司治理議題有優異表現的企業。當然，和生物多樣性及自然資本有關的指標也在環境面向和社會面向的評鑑項目之列。

再者，投資人在評鑑企業時，關注的重點也從對抗全球暖化的碳管理對策，轉移到水管理和森林管理等自然資本上面。說到這方面的評鑑，最具代表性的系統，首推由英國 NGO 發起的 CDP 碳揭露評比。CDP 代表法人投資機構向企業發放問卷，邀請企業揭露在環境上的管理作為，再就企業回答的問卷計算評分，對企業為環境所做的努力給予分級。

CDP 一開始僅針對全球暖化議題實施「CDP 碳揭露」項目而已，不過，至今已發展出涵蓋了水資源、森林資源等「CDP 水資源管理」和「CDP 森林專案」等項目，且分別自 2015 年、2016 年起公布評分結果。CDP 問卷評分分為 A~D 四個等級，如果企業拒絕回覆問卷將被評為 F。CDP 的評比結果以及企業的回覆內容不僅受到法人投資機構的支持，而且已經實際運用在投資策略上。以上的趨勢顯示，投資人認同企業重視自然資本經營的舉措，企業若能誠實揭露水資源、森林資源等相關的管理作為，更能贏得投資人的信任。

扮演推波助瀾角色的東京奧運會永續採購準則

三、原定於 2020 東京奧運及殘奧運動會組織委員會的承諾。東京奧委會於 2017 年 3 月發表「永續採購準則」，要求所有的物料採購、服務提供都必須符合這套兼顧環境永續、人權標準與勞工權益的規範。不僅如此，東京奧委會又依照品項種類，針對木材、農產品、畜產品以及水產品分別制定所屬的永續採購標準，其他如紙張、棕櫚油的採購標準也預定陸續推出。綜觀這些項目，無一不是自然資本的範疇，東京奧運會將成為驅動企業積極因應自然資本經營的一股力量。之所以出現這樣的結果，要從過去的奧林匹克運動會說起。過往舉辦的奧運會，NGO 和輿論界經常對其供應鏈上的環境及人權問題，提出強烈的批判聲音。

2004 年的雅典奧運就被抨擊，運動服飾業者讓工人在惡劣環境下工作。2008 年的北京奧運就有 NGO 發布聯合報告指出，北京奧運使用非法採伐的木材。東京奧運的永續採購準則和規範能夠發揮促使企業加速推動自然資本經營的影響力，同時具有影響供應鏈的擴散效果。以永旺（AEON）為例，在東京奧委會發表永續採購準則之後不久，也接續著在 2017 年 4 月發表「永旺永續採購方針」，並分別對農產品、畜產品、水產品、紙張、紙漿、木材以及棕櫚油訂出採購政策和 2020 年的採購目標。永旺還訂下在 2020 年以前，旗下自有品牌 100％使用 RSPO（永續棕櫚油圓桌會議，Sustainable Palm Oil）認證的永續棕櫚油等，展現積極應對的企圖心。

四、環境管理系統的國際標準 ISO14001 在 2015 年完成改版。在此之前原本只在附錄中提到的「生物多樣性」，首度被列為要求事項，企業必須將生物多樣性納入 PDCA（Plan-Do-Check-Act，計畫—執行—檢核—改善行動）循環。有些企業便以 ISO14001 改版為契機，重新設定生物多樣性的目標，使得企業對生物多樣性和自然資本的關注越來越高。

有行動策略的自然資本經營，不僅能夠降低資源取得的風險，同時還能夠對 SDGs 做出貢獻，而且能吸引更多重視 ESG 經營規劃的投資人。接下來的章節，筆者除了針對每一個要因做進一步的探討之外，也會在第 2 部、第 3 部的內容中介紹企業為了實現生物多樣性所採取的實際具體作為。

臺灣也有這樣做

臺灣的
生物多樣性

【永續採購】
國產最好造林木材應用
於木構造建築

【愛知目標】
特生中心 2020 臺灣生物
多樣性特展

ch2 與 SDGs 及人權問題密不可分的自然資本

2015 年 9 月聯合國高峰會會議上，正式通過「永續發展目標」（Sustainable Development Goals，簡稱 SDGs），提出了 17 項永續發展目標及 169 項追蹤指標，作為 2016 年到 2030 年以前全球應致力推動達成的目標。SDGs 的涵蓋層面非常廣泛，包括貧窮、健康、女性、環境等議題上皆有著墨，可說是全世界都同意的「全球議題的總結」。

相較於在此之前的 MDGs（Millennium Development Goals，千禧年發展目標），SDGs 有一項顯著的特徵，那就是民間企業的角色特別被提及及重視。SDGs 在制定的時候，也聽取並採納了「聯合國全球盟約」（The United Nations Global Compact，簡稱 UNGC）的意見。聯合國全球盟約曾為企業營運制定與環境、人權有關的 10 項原則，參加聯盟的企業會員超過 1 萬 3000 名以上。

為了引導企業實踐 SDGs，聯合國全球盟約、世界企業永續發展委員會（WBCSD）和全球報告倡議組織（GRI）共同制定「SDG Compass」（企業行動指南）。全球盟約日本網路（GCNJ）作了以下的表示：「企業應將 SDGs 視為經營策略，找出可貢獻的社會性議題，透過自身的核心能力創造可以讓企業與社會共享的價值（CSV）。」

為解決貧窮問題做出貢獻，實現 CSV

具體的自然資本經營可為 SDGs 帶來很多的貢獻。以目標 1「消除貧窮」和目標 2「終結飢餓」來說，很多自然資源採集、原物料供應的現場都在開發中國家，而這些現場大多是窮困的社群所在地區，當地居民的生存、生計非常依賴自然以及其所提供的服務。企業在採購木材、棕櫚油、咖啡、茶、可可等原料的時候，如果採購的是符合永續發展原則的產品，包括保護自然資源、維持當地生活水準以及符合公義、人權的公平貿易產品，此外又能協助當地社區推動環境教育、增加居民的技能，就是對提升他們的能力和生活品質有貢獻。

■ 為實現 SDGs 願景的自然資本經營例舉

協助開發中國家使其自然資源能夠永續利用，同時將環境及人權問題納入考量，對提升他們的生活水準做出貢獻。

協助開發中國家建立永續農業，藉以提升其生活水準，並對當地社區的發展做出貢獻。

減少用水量，並對水源地的保護做出貢獻。

在海外可支持公平貿易的商品，在國內則可協助解決廢耕農田及荒廢林地等地方問題，對減少不平等做出貢獻。

營造具有豐富生物多樣性的社區，提高居民的認同感及共榮感。

上、下游供應鏈等全體成員，共同消除加諸在自然資本上的負擔，對負責任的生產與消費做出貢獻。

促進通過認證的永續水產品在市面上流通，讓這些食材能活用在企業的員工餐廳，對保護海洋生態做出貢獻。

企業營運要力求消除做出破壞森林的行為，對保護陸域生態做出貢獻。

自然資本豐富的開發中國家及地區，需要與地方自治體、NGO 等互助合作。

出處：日經 ESG

諸如此類的舉措不但能夠使企業獲得安全的原物料供應，而且，當地的居民在穩定的收入及生活保障下，也能夠一步步脫離貧窮的循環。這就是企業和當地社區一起解決問題，實現了 CSV（Creating Shared Value，創造共享價值）。

另一方面，SDGs 也規劃了多個與人權標準及消弭不平等等嚴峻課題有關的目標。以自然資源的採集現場來說，很多都是農場、漁場、養殖場等勞力密集的工作場所，人權侵害的問題時有所聞。不過，對積極經營自然資本的企業來說，他們除了保護當地的生態環境以外，也需要將勞工的人權和健康納入考量。

目前已有多個認證制度證明生物多樣性確實得到保護，譬如在農作物方面的雨林聯盟認證，在養殖業方面有 ASC（水產養殖管理協會）認證等等。這些認證在規範保護生態和生物多樣性的同時，也明列保障勞工的權益為驗證範圍的一部分。取得這一類的認證代表勞工的權益符合標準並受到保護，有助於 SDGs 的達成。

企業自身的營運必需涵括勞工人權議題，已經成為國際社會關注的焦點。2011 年聯合國通過「工商企業與人權指導原則」，要求企業應辨識重要的人權議題與風險，並建立及執行「人權盡職調查」(Due Diligence)，努力降低可能面臨的人權風險。2013 年衝突礦產（Conflict Minerals）法案正式上路，規定企業應揭露其供應鏈中是否使用衝突礦產的資訊。

2015 年英國公佈「現代奴役法」，自此企業負有法律義務必須報告他們在全球供應鏈上的人權及環境風險。2015 年七大工業國組織（G7）領導人高峰會所發表的領袖宣言中提及：「負責任的供應鏈」，鼓勵企業實施人權盡職調查。

尤其是最近，木材的非法採伐、水產品的非法捕撈、衝突礦產的開採等問題，已浮上檯面。這些行為不但損害自然資本，而且，在非法的背後潛藏著各種侵害勞工人權的行徑。所謂的自然資本經營，指的是企業在其生產過程進行保護環境及保障人權的管理，非法生產及伴隨而來的人權剝削都能被排除，進而對 SDGs 做出貢獻。

我們可以從左圖中看到，哪些具體的自然資本經營作為，將有助於哪幾個永續發展目標的落實。

讓 ESG 投資人眼睛為之一亮的「自然」

將企業的「環境、社會、公司治理」(ESG)評比納入選股流程的「ESG 投資」，不論是海內外皆呈快速成長之勢。日本投入永續投資的規模，在 2013 年的時候，還不到 1 兆日圓，到了 2015 年已經擴大到 26 兆 6873 億日圓，再前進一年來到 2016 年，規模大幅成長一倍，投資金額高達 57 兆 567 億日圓（來源：日本永續投資論壇調查資料）。

投資人關切的議題，在環境（Environmental）面向方面，也從抗暖化對策逐漸轉向水資源和森林資源等自然資本的保護策略上。邀請全球企業揭露其水管理相關作為並為其進行評比的「CDP 水資源」專案，在 2016 年全球已有 643 家資產管理機構支持並援用該專案的評比進行投資，投入的資產總額高達 67 兆美元，相較於 2012 年的 50 兆美元，足足增加了 40%。督促企業辨識森林採伐相關風險及管理作為的「CDP 森林資訊」專案，2016 年的簽署支持機構也達 365 家，投資規模上升到 2420 兆日圓。

包括 150 家日本企業在內，全球有 1252 家企業接受「CDP 水資源」專案的評分，成績最優異的企業將被列入「A」等級。全球有 24 家企業獲得 A 評鑑，其中 6 家為日本企業，分別是豐田汽車、Sony、花王、麒麟控股、三得利食品國際以及三菱電機。以實際行動做好自身水資源管理是 CDP 的基本要求，企業若能要求供應商也一同提供水的用量數據及相關風險報告，確實做好供應鏈管理，將會得到高分與好評。

CDP 森林保護問卷發放的對象，主要是針對生產及利用畜產品（牛肉）、棕櫚油、大豆和木材等四個項目的企業，全球估計發出 800 份，這些項目都與森林採伐風險息息相關。

問卷分為 60 個題組，內容涵括風險和機會的辨識、溯源的確保、管理與目標以及供應鏈的協同合作等。日本也有 101 家企業被要求回覆問卷，填答結果經評比，沒有日本企業獲得 CDP 森林問卷最優異成績「A」的評價（如右圖）。

■ CDP 水資源問卷獲得 A 等級的日本企業

2015 年	2016 年
豐田汽車	豐田汽車
羅姆	Sony
朝日集團控股	花王
	麒麟控股
	三得利食品國際
	三菱電機

CDP 從氣候變遷議題開始，逐步轉向關注水、森林等自然資本的管理，並予以評比分級。

■ CDP 森林資訊問卷日本企業的得分

企業名稱	木材	棕櫚油	畜產品（牛肉）	大豆
味之素	B	A-		B
大日本印刷	A-			
大東建設	B	B	B-	B
鹿島建設	B			
花王	A-	A-		
馬自達	A-		C	
長瀨產業	C-			
積水化學工業	B			
積水房屋	B			
資生堂	B	B		B
住友林業	B			

企業名稱	木材	棕櫚油	畜產品（牛肉）	大豆
大成建設	C			
凸版印刷	B			
東洋製罐集團控股	C			
嬌聯	C			
日本企業 73 家	未回答 F			
日本企業 12 家	已回答，但選擇分數不公開			
日本企業 1 家	由美國母公司回答			
日本企業 4 家	未收到邀請，但自主回覆問卷			

仍然有很多日本企業為「F」，未回答。出處：日經 ESG

投資人讀取 CDP 的填答結果，藉以了解企業對水資源及森林資源的管理作為，同時也將其用在投資決策上。

撤資行動也鳴槍起跑了

隨著自然資本意識的抬頭，與自然資本範疇有關的投資也開始出現轉移（撤資）的現象。挪威政府退休金全球基金自 2012 年起，開始從高毀林風險企業撤資，其中包括 23 家棕櫚油生產相關企業。

破壞森林的企業在自然資本減少的影響下，無形中背負了原物料供應不穩定的壓力，而且升高了自身與當地居民之間的對立態勢，還會招致 NGO 的抗議與抨擊，品牌價值終將因此受損，企業也會面臨無法永續的風險。如果把資金挹注在這種企業身上，不也等於是為投資行為帶來風險嗎？

事實上，上述應引以為戒的事件也確實發生了。2016 年 3 月，馬來西亞棕櫚油生產大廠 IOI 集團因涉及破壞雨林活動，棕櫚油永續發展圓桌會議（Roundtable on Sustainable Palm Oil，簡稱 RSPO）遂撤銷 IOI 的永續棕櫚認證。聯合利華、雀巢、花王等國際企業大廠在得知終止永續認證的消息，也隨後取消IOI的供應合約，IOI集團的股價更是應聲大跌。

森林破壞問題，已經成為投資人現下十分關心的議題之一。聯合國支持的全球大型機構投資人聯盟「PRI（Principles of Responsible Investment，責任投資原則）」，在 2016 年 11 月與美國的非政府組織「CERES」（Coalition for Environmentally Responsible Economies，又稱為環境責任經濟聯盟）合作，共同致力於實現「森林零破壞」的目標。他們以企業的採購方針和破壞森林的影響程度為指標，選出 50~60 家具有高毀林風險的木材及食品相關企業予以評分。對於得分較低的企業，則要求他們做出承諾並提出可永續的採購方針。PRI 還成立了以森林為主題的諮詢委員會。

■ ESG 投資人密切關注自然資本的動向

出處：日經 ESG

2012 年　6 月	UNEP 聯合國環境規劃署金融倡議在里約 +20 發表自然資本宣言。
12 月	挪威政府退休金全球基金從 23 家棕櫚油生產相關企業撤資。
2015 年 10 月	CDP 水資源專案首次公布企業的得分。
2016 年　3 月	馬來西亞棕櫚油生產大廠 IOI 集團因涉及破壞雨林活動，遭撤銷 RSPO 永續棕櫚認證，股價隨之暴跌。
7 月	英國最大保險集團的英傑華（AVIVA）旗下資產運用公司與 PRI 共同發表永續水產品的投資報告。
11 月	PRI 與非政府組織「喜瑞士」合作倡議森林零破壞。邀請大型機構投資人一起要求森林相關企業做出承諾。
12 月	CDP 森林專案首次公布企業的得分。
2017 年　4 月	非政府組織雨林行動網（RAN）發表報告，指出某些金融機構協助摧殘森林的東南亞企業籌集資金。投資人於 RI Asia 會議決議追究金融機構的責任。

日本企業對森林的策略與作為應該也受到了關注，就有 NGO 指出日本每年進口的木材中，約有 1 成恐怕是非法盜伐或貿易的木材。歐美明定企業必須執行「盡職調查」，藉以達到從市場驅逐非法木材的目的。反觀日本，並未要求企業執行盡職調查，相對的，投資人也就用更嚴苛的角度來審視日本企業。這一點可以從有因應對策並做資訊揭露的企業，獲得好評一事窺見一二。

企業揭露資訊也日益重要。制定整合性報告框架的「國際整合性報告委員會（IIRC）」建議企業，將影響其營運活動的六大資本：財務、製造、智慧、人力、社會和關係以及自然，做適當的應用與說明，使資本獲得更具效率和生產力的配置。企業對於經營自然資本的策略和作為，揭露在整合性報告書中，可獲得投資人的青睞。

投資人早已「自行」替水資源風險打分數

投資人也開始想要了解企業在自然資本方面究竟有哪些相關的財務風險。因此，他們透過企業的公開資訊蒐集與自然資本有關的數據，並且「自行替企業打分數」。由聯合國環境規劃署金融倡議（UNEP FI）首度發起的「水資源風險相關財務報告」就是其中的代表之一。聯合國環境規劃署金融倡議在 2015 年開發出水資源價值化評估工具，可以將得自企業公開資訊的數據，轉換成企業在水資源方面的外部成本，並且整合到財務報表中。

這套工具需要的資訊有企業各個據點的位置及用水量，這些都可以從企業的年度報告書上的公開資訊和 CDP 問卷的回答取得。得知位置、數據之後，只要輸入工具系統，即可轉換為水資源方面的外部成本，再以此為基礎進一步計算出可顯示其財務狀況的業績指標。在考量水資源外部成本的情況下以及未考量的情況下，算出兩個業績指標的差距，據以判斷該企業的公司債券是否有潛在的信用風險。

聯合國環境規劃署金融倡議在里約 +20 發表「自然資本宣言」，為了讓各金融機構能將宣言落為實務，遂開發出這套工具。分析師應用此一新的財務模型，針對礦產、電力、飲料等 3 種具代表性行業，挑選 24 家企業進行分析，試著找出這些公司的信用如何受到水資源風險的影響。如果完全將企業的用水量成本內部化，可以看到某些企業的利潤／營收比、淨債務／利潤比等財務狀況急劇惡化。由聯合國環境規劃署金融倡議主持的「生態系暨生物多樣性倡議計畫」，其計畫主持人安

■ 企業的財務分析在納入外部的用水成本後出現變化

* 此為 EBITDA（息稅折舊攤銷前利潤）註：即未計利息、稅項、折舊及攤銷前的利潤		未考量用水的外部成本		有考量用水的外部成本		用水成本完全內部化後的業績指標變化	
企業	**業績指標**	**2016**	**2017**	**2016**	**2017**	**2016**	**2017**
英 礦山公司 A	利潤 * ／營收	39%	40%	27%	27%	- 32%	- 32%
	淨債務／利潤 *	0.90	0.81	2.70	2.96	199%	264%
德 電力公司 B	利潤 * ／營收	18%	19%	16%	17%	- 11%	
	淨債務／利潤 *	1.64	1.38	2.21	2.01	35%	45%
瑞士 飲料公司 C	利潤 * ／營收	22%	24%	22%	23%	- 1%	- 1%
	淨債務／利潤 *	- 0.12	- 0.52	- 0.08	- 0.47	31%	8%

金融機構分析師以企業的業務展望等資料為基礎，於 2015 年時對企業的未來做預測試算。
出處：根據聯合國環境規劃署金融倡議的資料，由日經 ESG 作成

德斯・諾德漢（Anders Nordheim）就說：「這才是企業『公正的價值』。」

聯合國環境規劃署金融倡議也和美國彭博共同開發為水資源進行相關風險及機會的分析和定價的工具，用來評估股權商品的價值。不單單只有水這各項目而已，其他自然資本，例如空氣、土地、生物多樣性等價值化評估工具，今後都會逐一被開發出來。

諾德漢表示：「希望在 2018 年夏天以前，銀行和放款機構都能夠應用這些價值化評估工具，將自然資源的利用與評估，納入融資貸款的考慮範圍之內，金融機構也可以透過這些工具重新檢視投資組合，作為與投資對象的溝通管道。」

企業除了了解自身活動對自然資本的影響，並將其融入經營決策以外，也利用報告書、回答 CDP 問卷等方式做相關管理作為與結果的揭露。金融機構則使用這些公開資訊自行進行財務分析。此一趨勢正方興未艾。

聯合國環境規劃署金融倡議不僅要求已經簽署「自然資本宣言」的金融機構要替企業打分數評比，同時也要求金融機構本身必需揭露並報告與自然資本有關的資產及負債數據。

「比方說農業銀行必須揭露，放款總額中有多少比例或多少公頃的農田有水源不足？貸款企業中有多少比例取得 FSC（森林管理協會）認證或

PEFC 認證？如果是海洋方面的話，必須報告融資的漁業合作協會中，有幾件貸款案訂有永續發展的漁業方針？數據要揭露到何種程度則依聯合國環境規劃署金融倡議制定的指南辦理。揭露方法則與 GRI 和 IIRC 共同合作開發。」聯合國環境規劃署金融倡議事務局代理局長安井友紀做上述的說明。

金融機構已投身自然資本經營的潮流之中，必然促使企業對自然資本的重視與考量。

ch

東京奧運會「永續採購」的承諾

東京奧委會於 2017 年 3 月發表「永續採購準則」，要求所有的物料採購、服務提供都必須符合這套規範，所有的農產品、畜產品以及水產品必須符合所屬的「永續採購標準」。木材的採購標準已於 2016 年公布實施，其他如紙張、棕櫚油的採購標準也將陸續公布。在眾多採購品項中，之所以特別規範農畜水產品和木材等自然資源的採購標準，有其破壞環境與違反人權的背景。

奧林匹克運動是全球關注的盛事，正因為如此，也常成為 NGO 和輿論界撻伐的對象，他們經常對奧運供應鏈上的環境及人權問題，提出強烈的批判。

2004 年的雅典奧運就被抨擊製作運動服的業者，讓亞洲工廠的工人在惡劣的環境下工作。2008 年的北京奧運則有 NGO 指責北京奧委會使用非法採伐的木材。2012 年倫敦奧運會以「永續」為前提，倫敦奧委會在大會開幕前 5 年即制定永續採購準則，所有的木製品不是採用經過森林認證的木材，就是使用回收再生料，會場上提供的魚獲必須考量

■ 東京奧運的永續採購準則（全體）

出處：東京 2020 的資料由日經 ESG 整理

●想法
・支持並尊重 SDGs 以及巴黎協定、聯合國全球盟約、OECD 多國企業指導綱領等。
・永續的生產及消費型態的變革。
●基本原則：重視原物料的最初產地、製造過程等生產溯源、帶動整體供應鏈、資源有效利用。
●永續的採購標準

通則	法令遵循等
環境	・根據綠色採購法，要求所有供應商提供符合基本方針要求的產品及服務。 ・選用節能設備，利用再生能源和天然氣等低碳、無碳能源，使用無氟冷媒（海龍）空調，原料選擇再生品或含再生資源的材料，減少不必要的容器包裝等，不使用非法採伐的木材及不當撈捕的水產品等等。
人權	消除不平等，禁止侵害當地住民的權益，保障女性、兒童、身心障礙者的權益。
勞動	禁止強迫勞動與長時間勞動，不接受任何雇用童工，對外籍勞工勞動條件與權益的保護。
經濟	公平貿易、禁止使用與衝突或犯罪有關的原料，活化地方經濟（對中小企業的協助與保障以及愛用國貨），對東日本大震災災後復興的支援等等。

到海洋生態，以通過 MSC（海洋管理協會）認證的漁產為主。倫敦奧運號稱是「綠色奧運」，獲得很高的評價。

延續倫敦經驗，東京奧運委員會接棒「永續」，該採購準則的最大特徵是以 SDGs（聯合國永續發展目標）以及巴黎協定、聯合國全球盟約 10 項原則、OECD（經濟合作暨發展組織）等與環境、人權有關的國際標準為基本原則，特別聚焦在 SDGs 的目標 12「負責任的生產與消費」，並且高舉：「透過東京奧運全面改變社會的消費意識及生產型態」。

在環境、人權、勞動和經濟等方面也都訂有細則。其中的要點，包括對中小企業的採購協助、愛用國貨的思維，以及將東日本大震災的災區復興列入考量、給予支援等，普遍獲得好評。

建立具國際標準的日本自有生態標章認證

採購準則不僅適用於木材和農產品、畜產品、水產品等個別品項的採購，同時也被嵌入整體供應鏈中，所有上下游供應商、供應商的供應商、次供應商等都需要遵循。就自然資本經營來說，它的擴散效應是大的。

以水產品為例，符合可永續標準的條件有（1）法令遵循。（2）進行野生捕撈漁業，必需有魚群資源管理計畫，並且考慮到永續的海洋生態經營。（3）確保養殖場和養殖水產的管理，已將維護生態系統安全列入考量。（4）遵守勞動安全法規的要求。除了堅守以上的標準之外，可申請生態標章驗證，確認水產品確實滿足上述 4 個要件。

在野生捕撈漁業方面，目前有 MSC 海洋管理委員會（Marine Stewardship Council）的生態認證和 MEL（Marine Ecolabel Japan）日本海洋生態標章。在養殖水產品認證制度則有 ASC 水產養殖管理委員會（Aquaculture Stewardship Council）」的永續水產養殖標章和 AEL 養殖生態標章。如果能夠取得這些標章就更加完善了（參考第 103 頁）。

不過，也有 NGO 團體指出標章認證的標準並不完備。日本海洋生態標章協議會（MEL）缺乏驗證單位應有的獨立性，認證審查透明度很低，明白地說，就是自己驗證自己，客觀公正有待商榷。在此議論聲中，MEL 開始改變組織型態，朝獨立法人邁進，同時積極改善生態標章的認證標準，並以取得國際認證機構的認定為目標。MEL 重新制定與國際標準同步、客觀性高的新認證標準，目前正接受國際組織「世界水產品永續倡議（GSSI）」的審查。

此外，還有一個問題，那就是目前取得認證標章的生產者仍屬少數，想要只靠國產品扛起奧運會的食材供應大責，有實務上的困難。因此，東京奧運的採購方針調整為只要遵守國家和地方自治體的規範即可，不一定要取得認證。

如何消除國際認證和國內認證兩者之間的落差，將成為今後的課題。同時，如何拉近國家與地方自治體彼此之間的規範差距，也是亟待解決的問題。為了讓全世界的人認同日本所生產的食材是考量資源、環境和社會整體利益的食材，有必要提升國內的標準，並推動普及與啟發活動。除此以外，確保相應的準則和標準都被運用於實務工作，也非常重要，此舉有助於提高實質上的效益。

產業聯盟建立永續原物料供應

集整個產業之力，共同建立永續採購的案例也因此出現了。

奧運會的紙類採購標準雖然還沒有公布，不過，日本製紙聯合會已經先行針對非法採伐訂出行動方針以及合法性的確認，並且要求會員企業提出供應鏈的溯源報告、實施產地調查以及擴大採購森林認證木材等。聯合會對會員企業進行徵信調查，調查結果則交由專家和 NGO 組成的第三方公正單位進行監督審查。

除了上述以外，聯合會也在 2016 年導入盡職調查制度，藉以排除非法木材，期許以東京奧運為契機，使森林認證紙張普及化。日本製紙聯合會常務理事上河潔氏充滿熱情地說：「要讓森林認證變得普遍，要讓更多企業取得產銷監管鏈（Chain of Custody，簡稱 CoC）認證」。

棕櫚油的產業合作也急如星火。雖然奧運會的採購標準尚未公布，不過，食品和清潔劑相關產業一直保持著高度的關注。綠色採購網路組織（Green Purchasing Netork，簡稱 GPN）為了推廣永續棕櫚油的生產和使用，於 2016 年與世界自然保護基金會（WWF）日本分會合作，制定「棕櫚油採購指導綱要」，2017 年，綠色採購法將該綱要納入注意事項，成為肥皂類使用植物油脂的相關規定。關於這些產業界的合作行動將於第 2 部中做介紹。

東京奧運舉辦期間，據稱屆時湧入的觀光客將超過 2000 萬人，這段期間需要超過 10 萬名以上的工作人員和志工投入協助。隸屬於奧運組織委員會下的永續委員會崎田裕子委員表示：「我們試著將永續意識、永續元素融入工作人員和志工的研習課程當中，只要按部就班予以實現，這將成為國內規模最大的環境教育課程。一切的原料採購和產品製造都將環境和社會因素列入考量，這是一個讓道德消費在我們的社會向下生根、向上開花結果的大好機會。」採購考量因素擴及原料生產源頭、珍視自然資本的 2020 年東京奧運，藏有改變日本社會和民眾意識及消費行為的可能。

ch

重量級成員共同制定 自然資本議定書

讓我們再次對自然資本的概念做一個整理。自然提供給人類的不只是木材和水源而已，森林有保持水土、防洪調節、涵養水源和孕育生命等功能，人類直接或間接從森林中獲取各式各樣的利益（生態系統服務）。然而，人類只從自然中謀取利益卻不曾付費，直到今天仍舊如此。雖然人類買木材會支付木材的費用，用水會支付水費，但對防洪調節、孕育生命等價值，卻始終是只使用不付費。也就是說，自然的價值一直沒有被納入人類的經濟體系中，成為了所謂的「外部成本（External diseconomy，又稱為外部不經濟）」。

再這樣下去，地球上的自然資源只會走向枯竭一途，為了遏止自然資源繼續耗損，將自然和生態系統的價值列為經濟體系一環的想法，逐漸成形。這就是「自然資本」的基本想法。

把水、空氣、土壤、植物生態、動物生態等自然，視為有價值的財產，也就是「資本」（存量的概念），得自於自然的木材和洪水調節等利益（生態系統服務）可視為「流量」的概念。企業活動究竟會為自然資本帶來多少負面衝擊和正面影響？國際上已經開始將其納入經濟體系和會計系統，進而應用在企業經營上。

金融機構真正的目的是為了降低投融資的風險

我們在第 1 章中提到，自然資本的概念在 2012 年的里約 +20 會場上，終於匯聚成一股國際潮流。關於這段背景，讓我們稍微來看一下。里約 +20 的議題以「綠色經濟（green economy）」為主軸，隨著企業的國際化經營，企業的供應鏈遍布全球，大型企業的營收總額甚至超過一個國家的 GDP（國內生產總值）。如果目前的消費和生產模式保持不變的話，人類未來將面臨資源枯竭、資源爭奪、價格高漲等問題，而擁有豐富自然資源的開發中國家，其人權和勞動等問體也日益惡化。

為了解決這些問題，可同時兼顧經濟成長和環境、資源永續的「綠色經濟」，成為最佳選擇。什麼是綠色經濟呢？不同的國家有不同的解釋，以日本來說，將其定義為：「在維持生態系統平衡、不損及自然利益以及提高資源使用效率的條件下，進行產業活動。」同時揭示為了實現綠色經濟，必須「仰賴並推動將環境面向納入考量之中的綠色科技與綠色創新」。

換句話說，日本的綠色經濟有兩大支柱，一是「兼顧自然資本與經濟成長」，另一則是「科技的整合應用」。

我們在第 1 章提及，世界銀行等金融機構以及開發報告框架的機構，在里約 +20 的會議場上，以關鍵成員的身分推動綠色經濟。另一方面，企業界也化被動為主動因應。聚集了超過全球 170 家以上先進企業的世界企業永續發展協會（WBCSD），也在里約 +20 的現場舉辦場邊會議，會議題目就是「掌握對自然資本的影響揭露資訊」。PUMA 的董事

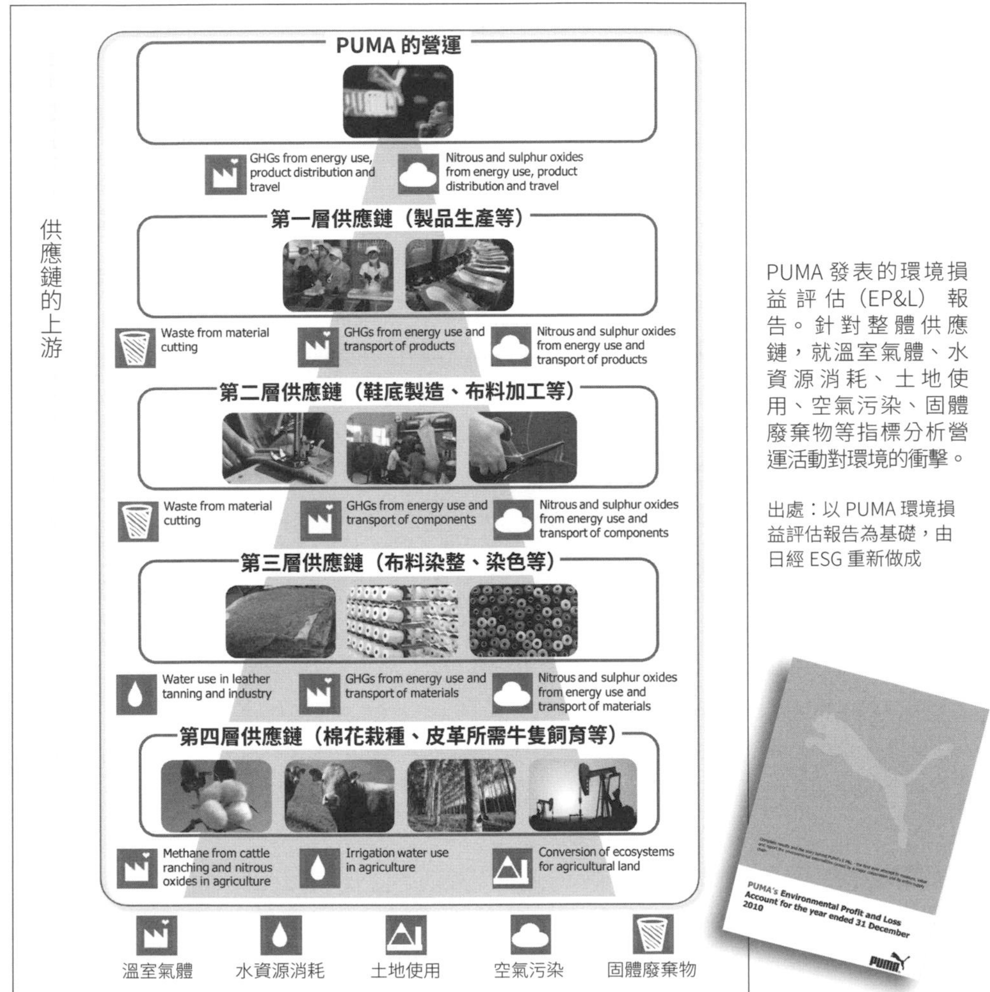

PUMA 發表的環境損益評估（EP&L）報告。針對整體供應鏈，就溫室氣體、水資源消耗、土地使用、空氣污染、固體廢棄物等指標分析營運活動對環境的衝擊。

出處：以 PUMA 環境損益評估報告為基礎，由日經 ESG 重新做成

■經加算自然資本，PUMA 營運過程對環境影響的經濟評估

注：單位 歐元

	溫室氣體	水資源消耗	土地使用	空氣污染	固體廢棄物	環境成本小計	比例
整體供應鏈的環境負荷	4700 萬	4700 萬	3700 萬	1100 萬	300 萬	**1 億 4500 萬**	**100%**
PUMA 的營運	700 萬	100 萬未滿	100 萬未滿	100 萬	100 萬未滿	**800** 萬	**6%**
第一層供應鏈	900 萬	100 萬	100 萬未滿	100 萬	200 萬	1300 萬	**9%**
第二層供應鏈	700 萬	400 萬	100 萬未滿	200 萬	100 萬	1400 萬	**9%**
第三層供應鏈	700 萬	1700 萬	100 萬未滿	300 萬	100 萬未滿	2700 萬	**19%**
第四層供應鏈	1700 萬	2500 萬	3700 萬	400 萬	100 萬未滿	8300 萬	**57%**

PUMA 透過貨幣數字的表示，可以呈現出供應鏈的哪個階段對環境造成的負荷最大，有助於連結特定的重大議題。

出處：參考 PUMA 的「環境損益評估報告」，由日經 ESG 做成

長塞茲在會議上發表「環境損益評估報告」，也就是所謂的自然資本會計，這份報告後來成為自然資本會計的雛型，我們在此稍微作一下說明。

這份自然資本會計的統計對象並不是只有 PUMA 本身而已，而是把 PUMA 整個供應鏈，對於自然資本和環境造成的負擔及影響，通通納入評估，而且評估結果最後全部轉化成財務數字。PUMA 的第一層供應鏈屬於委託製造工廠，第二層供應鏈包括布料加工等外包廠商，第三層供應鏈是染色等工廠，第四層供應鏈則有種植棉花的農家等等。PUMA 追溯至最上游，無論哪一層供應鏈都按溫室氣體、水資源消耗、土地使用、空氣污染、固體廢棄物等指標加以檢視盤點，最後將影響以「貨幣」形式統一表示。

透過環境損益的計算，PUMA 全體供應鏈在 2010 年的環境成本總共是 1 億 4500 萬歐元，PUMA 本身的營運佔 6%，供應鏈越往上游走，佔比就越大，我們可以看到第四層供應商的環境成本高達 57%。此一結果顯示，包含種植棉花和飼養皮革用牛隻等農家在內的最上游供應商，其對於環境造成的負擔，嚴重地衝擊生態系統。

上述損益評估的換算工具由英國環境研究公司 Trucost 研究開發，由英國 PwC（PricewaterhouseCoopers，資誠）擔任報告書的顧問。

PUMA 發布這份環境損益評估之後，也依據評估結果調整自身的營運策略，並且持續進行評估及揭露，詳細內容請參考第 172 頁。關於對自然資本的因應與資訊揭露，與其說是由聯合國主導，不如說是企業與金融機構透過在這些國際會議場合的對話、溝通所形成的共識，也就是在企業與金融機構的一致默許下開始展開。

正因為如此，這些組織、團體在今後自然資本的評量和資訊揭露上，扮演著十分關鍵的角色。包含世界銀行在內的金融機構及企業，於 2012 年與世界企業永續發展協會（WBCSD）形成夥伴關係，成立

■ 自然資本相關資訊揭露的國際動向

NCC （自然資本聯盟）	組織	● 推動自然資本相關資訊揭露標準化流程的網路組織。前身為 TEEB（生態系統暨生物多樣性經濟學）企業聯盟。 ● 世界銀行、IFC、WBCSD、IFAC、GRI、IUCN 等為董事會成員，CDP 為會員。
	動向	● 為了早日形成一個標準化的全球方法，自 2014 年 7 月起，分成 2 組、以 2 個專案分頭並進 WBCSD 小組：制定量測及評估框架。小組成員有 WRI、CDSB、英國 PwC 等。 IUCN 小組：制定食品．飲料、服裝．纖維等產業指南，並進行實證實驗。小組成員有 FAO、英國 EY（安永會計師事務所，Ernst & Young）、英國 Trucost 等。

CDSB：氣候揭露標準委員會、WBCSD：世界企業永續發展協會、WRI：世界資源研究所、IFC：國際金融中心、IFAC：國際會計師聯合會、IUCN：國際自然保護聯盟、PwC（PricewaterhouseCoopers，華普永道）、FAO：聯合國國際糧農組織。出處：日經 ESG

自然資本プロトコル

■「自然資本議定書」的步驟

1	確認基本事項
2	確定自然資本的評估目的
3	確定評估範圍
4	確定對自然資本的影響和依賴度
5	量測和評估準備
6	分析影響和依賴度
7	分析自然資本的狀態變化
8	評估影響和依賴度的價值
9	解讀和評估結果應用
10	採取行動，將自然資本內化於公司決策

出處：自然資本聯合

「TEEB 企業聯盟」，將自然資本的概念導入企業的供應鏈管理，並建立標準方法供企業了解自身對自然資本造成的衝擊和影響。

TEEB（Economics of Ecosystems and Biodiversity，生態系統暨生物多樣性經濟學）緣起於 2007 年 8 大工業國（G8）的環境部長高峰會，該次會議提議進行生物多樣性的經濟價值分析。提議通過後，TEEB 研究計畫也隨即展開。TEEB 的研究報告已在第十次締約方大會（CBD-COP 10）上發表，報告指出 2000~2050 年之間，估算全球喪失生物多樣性的經濟價值損失，約佔全球每年 GDP（國民生產總值）的 6%。為了讓企業將 TEEB 的報告結果融入營運決策之中，遂發起「TEEB 企業聯盟」。

國際組織與產業界、金融業界共同推動自然資本的標準化評估框架

TEEB 企業聯盟後來改名為「自然資本聯盟」（Natural Capital Coalition，NCC），分成由企業界組成的 WBCSD 小組以及以 IUCN（國際自然保護聯盟）為主的 IUCN 小組。IUCN 是編製全球瀕危物種紅色名錄的國際非政府組織。WBCSD 小組負責制定自然資本的量測及評估框架，IUCN 小組則為不同產業制定相應的指南，並進行實驗計畫。兩個小組分頭並進，2016 年 7 月完成並公開發表「自然資本議定書」。

自然資本議定書的登場

自然資本議定書是一種評估與量化企業活動對於自然資源的影響與依賴程度的標準化方法。

議定書的評估流程共有 10 個步驟，首先，企業必須界定評估自然資本的目的和範圍，接著依循該目的和範圍找出企業活動對自然資本影響最大、依賴度最高的部分，亦即鑑別出重大性的自然資本議題。針對重大性的自然資本進行量測與評估，量化企業對自然資本的衝擊影響（成本）以及得自自然資本的利益。最後，將評估出來的結果納入企業內部決策流程。

企業與自然資本之間的關係，產業別不同，關係當然不同。因此，自然資本聯盟也針對不同的產業制定「業別指南」，例如，服裝產業和食品飲料業便有各自的評估步驟。目前，有 8~9 個試驗計畫正在使用自然資本議定書進行評估，包括瑞士雀巢、美國陶氏化學等，共有 50 家

企業參與這些計畫。

自然資本議定書的目地在於幫助企業了解營運活動對自然資本的影響。自然資本聯盟的執行長馬克・高夫（Mark Gough）強調：「衡量與量化是為了讓企業了解自己有哪些自然資源上的風險，是為了讓企業內部做出了更好的決策。」對於未來的願景，高夫也作了以下的表示：「所有的企業一起致力於公開揭露相關數據，讓投資人和決策者樂於利用。」

日本企業也開始整合供應鏈，透過自然資本議定書的評估步驟，量化營運活動對環境的影響。相關案例將在第 4 部中作介紹。

ch6 企業回應的步驟、方針以及重大性議題的鑑別

在歐美的主導帶動下，生物多樣性的議題逐漸擴大為自然資本的經營。日本企業的現況又是如何呢？為維護生物多樣性採取具體行動的日本企業越來越多，根據經連團（日本經濟團體連合委員會）自然保護協議會於 2017 年 2 月公布的生物多樣性調查報告，該調查以會員企業為對象，發出的問卷合計回收 238 份，經統計分析，其中有 59%的企業回答：「公司已經制定維護生物多樣性的原則和行動方針，並已發表宣言。」

在回應生物多樣性上面，企業皆採取先了解營運活動與生物多樣性的關聯性，再確認並設定目標的步驟。對於所定目標為定性目標或定量目標的提問，回答兩者皆有設定的企業佔全體的 27%，只設定性目標或只設定量目標者超過 65%。

另一方面，針對自然資本營運的問題，回覆正從事相關活動的企業僅佔 13%，比例偏低。在認證方面普遍有所提升，通過森林認證者達 41%，取得與森林有關之認證（RSPO、雨林聯盟認證）者也有 11%。

重大性議題的鑑別

今後，企業該如何推進生物多樣性及自然資本的經營呢？

筆者建議依循自然資本議定書的步驟，評估營運活動對自然資本的影響，確實了解供應鏈的哪個階段帶給自然資本的衝擊最大。定量評估的方法相當多元，例如生命週期評估（LCA）和自然資源定量評估手法等，企業可根據自身的需求和目的選用，重點還是在於可視化。這樣可以讓經營管理階層辨識出問題點，利用評估結果鑑別出重大性的自然資本議題。

企業的重大性議題究竟是水、木材、棕櫚油、礦物資源或者其他？答案因企業而異。無論企業鑑別出來的重大性議題為何，該重要原料一旦決定以後，就要進行「永續的採購」管理，制定採購方針，訂定採購目標。對於風險偏高的品項，需要積極建立透明化的溯源體系，甚

■ 麒麟的重大性原料議題分析

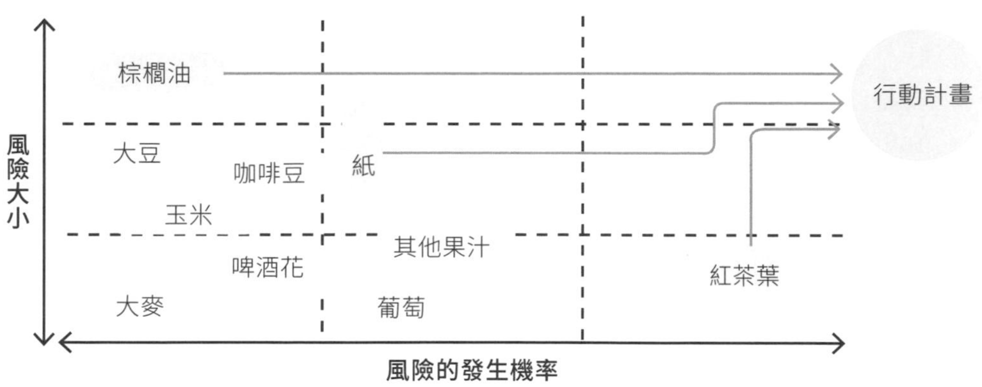

麒麟依照對生物資源原料的依賴度和使用量，並納入環境風險因子，鑑別出重大性原料議題，分別制定採購方針和目標，以達到永續供應鏈管理的目的。出處：KIRIN

至於追溯到最上游的生產現場。偶爾也需要判斷是否更改為替代原料，創新技術開發新原料也是不可欠缺。

旗下擁有 Gucci 等知名品牌的開雲集團（Kering），透過自然資本會計發現第 3 層級及第 4 層級的供應鏈，對環境產生的負面影響最大，因而擴大有機棉和符合道德原則的採購。開雲除了以上述實質對策進行改善以外，也研發創新技術，把菇類做成皮革（參考第 175 頁）。

麒麟定調「生物資源」、「水資源」、「容器包裝」及「地球暖化」為長期環境願景的 4 大支柱。在生物資源方面訂有「永續生物資源利用行動計畫」，接著又進一步提出「永續生物資源利用採購指南」，以大數據管理原料、供應商、使用量，同時從依賴度、使用量和環境風險鑑別出重大性原料議題。讀者可以從上圖看到，麒麟鑑別出 3 個重要原料議題，分別是紅茶、紙和棕櫚油，每一個原料都有各自對應的採購方針和目標。（編註：見第 2 部和第 3 部詳細解說）

日本環境省所制定的「生物多樣性民間參與指南」也頗具參考價值。該指南的架構與自然資本議定書類似，旨在協助企業了解自身得自生物多樣性的利益以及對生物多樣性造成的影響，進而採取行動努力減輕影響，以達到生物多樣性永續利用的目標。為了達成目標，企業可在內部建立生物多樣性相關推動體制、制定生物多樣性方針，並且說明如何鑑別營運上的重大性議題。

例如，就其鑑別出來的原物料採購議題，麒麟在採購規劃上將生物多樣性納入考量，並在廠區進行綠化計畫，創造多樣化的生物環境，同時分析和評價計畫實施的結果，透過「PDCA（計畫—執行—檢視—行動）持續改善。這也是依據 ISO14001 改版後，增列的生物多樣性要求所實施的環境管理。除此之外，在電子相關產業方面，四個電子電機資訊產業聯盟合力出版「Let's Study Biodiversity!」（學習生物多樣性吧！）手冊，啟蒙並協助公司社員在工作中顧及生物多樣性。手冊也蒐集了諸多案例，有助於了解產業與生物多樣性的關聯性以及風險與機會。

本書的第 2 部、第 3 部介紹了企業在自然資本、生物多樣性經營上的傑出案例，其中包括了推動永續採購不遺餘力的企業，透過致力降低風險、擴大認證產品等途徑提高企業價值的案例。還有透過自然資本的永續利用，協助解決開發中國家及地區的課題，為地區創造就業機會，為地方創生，為 CSV 及 SDGs 做出具體貢獻的案例。當然也有以生物多樣性做綠化主軸，增加社區整體自然資本的案例。第 4 部的內容則是介紹自然資本的定量評估方法以及未來資訊揭露的方向。

距離愛知目標還有 3 年，腳步要加快

Cristiana Pasca Palmer
生物多樣性公約 秘書處執行秘書長（2017 年 ~2019 年）照相：藤田香

距離目標達成期限——2020 年還有 3 年，「愛知目標」倒數計時中。如同 2014 年秘書處發布的「第四版全球生物多樣性展望」所述，目前的成果、進展仍不足以實現目標，需要各界更積極努力才有機會達成愛知生物多樣性目標。（譯註：依據 2020 年的聯合國生物多樣性報告，10 年愛知目標沒有任何一項「完全達成」）

可以積極努力的行動之一是，將生物多樣性納入國家政策、策略和規劃當中的政府，越多越好。自從愛知目標公布以來，已經有 146 個國家制定或調整了國家生物多樣性策略和行動計畫。另一方面，愛知目標對聯合國永續發展目標（SDGs）、保護野生動物遷徙物種公約（波昂公約）、特別針對水禽棲地之國際重要濕地公約（拉姆薩公約）等國際框架，也發揮了強化的作用。大家對愛知目標所做的種種努力是值得肯定的。

企業界將生物多樣性的風險和機會，納入營運與決策考量的作為，也越發積極進取。成立於 2010 年、以企業會員為主的國際網路組織「企業暨生物多樣性全球夥伴」，參與會員彼此共享資訊，交換精彩的保育行動案例，目前有 18 個與生物多樣性有關的跨國企業倡議團體加入其中。日本也有環境省與經團連自然保護協議會聯合成立的「生物多樣性民間參與夥伴關係」、企業和生物多樣性倡議（JBIB），積極推動各種相關的活動。

生物多樣性的工作在許多方面雖然有進展，但國際間仍然有想對愛知目標有所貢獻，卻不知從何做起的企業。秘書處目前也著手製作可供企業界參考的行動指南，向企業介紹成功案例。

2016 年舉辦的生物多樣性公約第 13 屆締約方大會（COP13），會中宣布「坎昆宣言」，就是為了推動生物多樣性主流化。所謂的主流化是指將保育與永續利用生物多樣性，融入企業的日常運作以及人們的生活型態當中。在這個企業經營管理階層齊聚一堂的論壇上，有超過 100 個以上的組織簽署了「企業與生物多樣性承諾」（Cancun Business and Biodiversity Pledge），矢志戮力挽救不斷流失的生物多樣性，獲得一致的好評。

2017 年 5 月，日本批准了名古屋議定書，同年 8 月正式生效。醫藥、農業、工業、化妝品、園藝和食品飲料等產業，共享基因資源和傳統知識。產經省和生物產業協會於 2005 年曾制定「企業基因資源取得與利益平等共享規範」，2012 年名古屋議定書發表後，也重新修訂進版。為了因應 2017 年 8 月名古屋議定書生效，日本國內也預先做了準備，期待日本的產業界也能提出相關的策略與具體實踐方式。

愛知目標的實現被認為是達成永續發展目標（SDGs）的關鍵。無論哪一個愛知目標都能夠反映到 SDGs 上，最淺顯易見的就是目標 14（海洋生態）和目標 15（陸地生態）。而目標 1 的消除貧窮和目標 2 的終結飢餓，以及目標 6 的潔淨水資源，還有全球都需要落實的目標 12 責任消費與生產循環，也都和愛知目標有關。事實上，SDGs 的目標是將生物多樣性和消除貧窮連結在一起的。目標 15.9 直接寫道：「在西元 2020 年以前，將生態系統與生物多樣性的價值納入國家與地方的規劃、發展流程與脫貧策略中。」由此可知，兩者的關係密不可分，為了落實 SDGs，必須要有整合性的方法。

生物多樣性公約秘書處也偕同自然資本聯盟，一起致力於推動自然資本會計。我們也參加由世界銀行發起的「WAVES」（Wealth Accounting and the Valuation of Ecosystem Services ，生態系統服務價值評估）計畫，從會計的角度來檢視自然資本的價值。該計畫將使用生態系統服務的價值，予以定量、估價，轉換為所得和資產價值，進而作為政策分析與決策評估的依據。

國際間建議將自然資源金融化，並且納入國家財務會計報告系統的提議，很早以前就出現了。聯合國設計的「環境經濟綜合帳整合系統（System of Integrated Environmental and Economic Accounting，SEEA）」，即是為了協助各國將環境的損益納入國家財務會計報告系統而研發、規畫。在挪威政府的資金援助下，「自然資本會計升級版本」日益成熟。2015 年，聯合國統計委員會和 TEEB 辦公室共同發行「一目了然生態系統．自然資本會計」報告書。日本政府和法國政府也對本案給予實質上的資金援助，在此一領域持續提供協助。

向先進企業學習
自然資本經營

森林

紙材——所有產業

森林認證紙張普及化

整體動向

日本一年就要用掉 2800 萬噸的紙張，消費量佔全球第三名。無論是辦公用紙、簡介型錄、事務用品以及產品的包裝容器等等，企業消耗的用紙尤其大量。木材是造紙最重要的原料，目前日本大約有 7 成的木材仰賴國外進口，無形中影響到了海外的森林，還可能存在著不經意購買到違法木材的風險。

充斥著違法木材的日本

NGO 組織年會「地球．人類環境論壇」指出日本每年進口的木材中，大約有 1 成是非法盜伐或貿易的木材。使用非法木材不但造成森林面積退化，加速地球暖化和生物多樣性流失，同時也變相鼓勵盜伐行為，甚至成為恐怖組織的資金提供者，因此，國際對於採取規範措施打擊違法木材的態度一致。

2015 年舉行的德國艾茂宮高峰會，「責任供應鏈」一詞數次出現在領袖會議宣言中。2016 年召開的伊勢志摩高峰會，談及已開發國家共同採取行動，以使聯合國永續發展目標早日實現。行動之一，「杜絕違法採伐和森林永續經營」，被記入領袖會議宣言。

相較於其他國家，日本在這一方面的因應對策實屬緩慢落後。歐美各國紛紛制定法令，強制要求企業必須執行「責任調查」。所謂的責任調查，是指企業須自行收集違法木材的資訊，對供應鏈溝通並進行風險評估，採取降低風險的措施。

歐盟木材法規（EU Timber Regulation）自 2013 年生效，此後林產品進口商皆須依法進行盡責調查，出示木材採伐許可證及木材來源合法性證明書。美國透過雷斯法案修正案禁止非法木材進口，更不得於美國流通。此修正案不僅涉及美國國內企業，同時也規範了國外企業。

回過頭來看日本。綠色採購法雖然明文規定對進口木材提出合法性證明是企業應盡的義務，但僅止於訂出「責任」而已，因此常招來輿論批評，不時提出需對企業嚴加規範的要求。2016 年 5 月伊勢志摩高峰會召開前夕，日本國會批准了「關於合法採伐木材等流通和利用促進法」，也就是通稱的「乾淨木材法案（Clean Wood Act）」。

該法案於 2017 年 5 月正式上路，所有與林產品製造、運輸、加工、進出口或銷售有關的業者，皆視為該法案的適用對象，有優先使用或採購合法木材的義務。2017 年秋季也開始實施「登錄制度」，凡登錄的相關企業必須向政府提出木材產品合法性的確認方法，並接受審查。

乾淨木材法案雖然沒有明確指出企業必須執行盡責調查，不過，在透過立法規範企業這一點上，是值得肯定的。走在前端的先進企業已然意識到紙為高風險原料，同時也採取行動建立永續的紙張供應鏈。以前，只有造紙工廠和銷售紙張的事務機器商等企業，才會使用森林管理認證紙張，如今，各行各業也都逐步跟進，開始採購經過認證的紙張了。

■ 關於合法採伐木材等流通和利用促進法（乾淨木材法案）之概要

合法木材的定義

- 遵守日本或原產國當地相關法令採伐的木材，以及使用該木材所製成的家具和紙張等，但不包括回收木料。

事業者

- 有優先使用或採購合法木材的義務。
- 所有與木材相關的產業皆為該法案適用對象，包括製造、運輸、加工、進出口或銷售等業者。
- 合法性的確認判斷標準。
  ① 林產品均遵守日本或原產國當地之相關法令。
  ② 無法證明木材合法性時，須追加申報資料。
  ③ 供應鏈發生讓渡時，應另行申報該讓渡相關資訊。
- 登錄制度（採自願登錄）

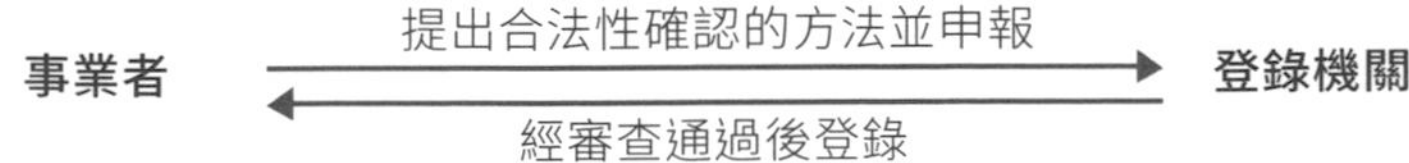

- 罰則規定
  ① 登錄不實。
  ② 無法確認合法性時，實地勘查。

出處：日經 ESG

使用端籌組聯盟，發揮臨門一腳的作用

在歐美等國家，使用貼有 FSC（森林管理協議會）或 PEFC（森林認驗認可系統）標籤的森林管理認證紙張製做公司型錄、飲料包裝等情況，十分普遍。FSC 是全世界最嚴格的森林認證制度，PEFC 則是各國互相認證的森林認證系統，日本的森林管理驗證系統——SGEC（綠循環認證會議）從 2016 年開始與 PEFC 互相認證。

歐美的大街小巷，商店裡頭隨處可以看到貼著小樹標章、使用認證紙張做包裝的商品，反觀日本，森林管理認證紙張的市佔率就沒有那麼高了，只有王子製紙、三菱製紙和日本製紙等廠商供應認證紙張。

不過，近一、兩年來，情況有所改變，認證紙張的需求突然熱絡了起來，這是因為位在使用端的企業團結一致、紛紛指定或要求所用紙張來自永續經營森林的認證紙張。使用端的需求對於生產端的森林管理方式有著莫大的影響力。

扮演關鍵角色之一的是「永續利用紙材聯盟 CSPU（Consortium for Sustainable Paper Use）」，該聯盟集結了味之素、花王、卡西歐計算機、麒麟控股、JSR、SONY、RICOH、三井住友信託銀行以及永旺等企業、集團。由世界自然保護基金會（WWF）日本分會和 Response Ability 公司擔任秘書處，訂出優先使用再生紙和森林管理認證紙張、遵守原木生產地區相關法令等採購標準，隨即展開與造紙公司、紙材供應商進行積極的交涉。

麒麟推出 FSC 認證鋁箔包果汁飲料

「在沒有加入聯盟之前，每一家公司都像瞎子摸象一樣，缺乏全面性的了解，不知道造紙廠的原料產地在哪裡？也不清楚森林管理認證紙張可以供應多少量？一直在摸索如何排除來路不明的紙材；而且，就算想使用 FSC 認證的紙張，也對供應量是否足夠沒有頭緒，當然也不知道價格是否合理？」麒麟 CSV 戰略部資深顧問藤原啟一說出了過去遭遇到的難題。

麒麟加入聯盟後，與聯盟一起進行訪談調查，與造紙廠、印刷廠、紙

■紙材使用端企業要求生產端進行「永續採購」

出處：日經 ESG

供應鏈下游 → 紙材消費端企業 → 要求 → 紙材供應商、印刷廠、包裝資材廠 → 造紙廠 → 上游

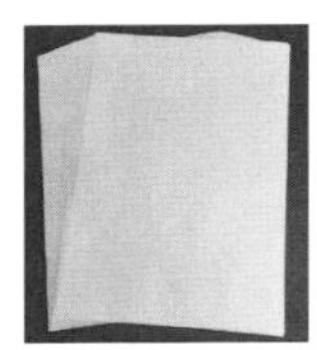

三井住友信託使用 100%再生紙

麒麟推出的 FSC 認證飲料紙盒

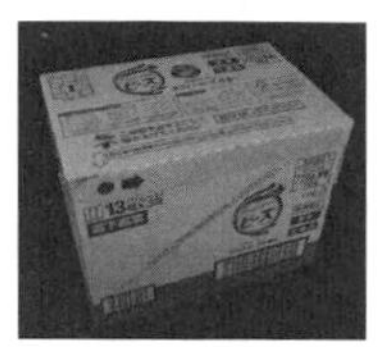

花王物流運輸用紙箱也採用 FSC 認證的瓦楞紙製作

盒製造商等供應鏈展開對話，針對這些廠商的採購方針、永續性的確認方法以及 FSC 認證紙張的供應系統等做全盤的調查及了解。

提供麒麟飲料紙類包材及辦公印刷用紙的紙材供應商，共計有數十家之多。麒麟對為其印製傳單型錄、標籤的印刷廠，存有使用不知名紙張的疑慮。為了確認所用紙張的來源及合法性，麒麟在 WWF 日本分會的協助下，開發出一份專屬的問卷，邀請供應商填寫回覆，向供應鏈傳達希望與要求。該問卷後來也被聯盟中的其他企業廣泛應用，成為推動供應端採購森林管理認證紙張的一股重要的力量。

持續與供應鏈對話的結果，促使造紙廠、印刷廠、紙盒製造商等廠商，將採購森林管理認證紙張列為營運策略的重要環節。再加上 FSC 認證標準修訂，標章取得較之前容易，東京奧運的採購準則又揭示永續利用紙張的方向，都是促使森林管理認證紙張快速進入市場的原因。

2016 年 5 月，麒麟推出第一個經過 FSC 認證紙盒包裝的果汁飲料「純品康納」，該紙盒由認同麒麟採購政策的日本利樂公司冠名提供。來自瑞士的大型食品包裝資材供應商——利樂公司，於 2007 年推出全球第一批帶有 FSC 認證標誌的食品鋁箔包，此後陸續推廣到各國，2016 年 FSC 認證紙盒包的全球銷售數量突破了 650 億包，約佔全球紙盒包裝銷售量的 35%，日本大約佔了 10%，販售了 6 億包載有 FSC 小樹標章的利樂包並以達到全球市佔率 100%為目標。

麒麟在 2017 年 2 月修訂了「生物資源永續利用行動計畫」，該計畫承諾到 2020 年，採購的紙材容器必須全部獲得 FSC 認證。麒麟已經有 60％的紙類包材替換成具 FSC 認證的紙材，涵蓋了「純品康納」和「午後的紅茶」等系列果汁及茶類飲品。

在啤酒方面，除了 135 毫升容量的品項，其餘 6 罐裝啤酒的外包裝用紙也都使用 100％ FSC 認證紙材。麒麟之所以堅持選擇 FSC，「原因無他，就是要以實際行動支持負責任的森林管理，降低風險，確保紙張的永續利用性，同時協助解決森林濫砍盜伐的社會問題，創造共享價值。」藤原娓娓道出麒麟採用 FSC 認證紙張的原由。

三井住友信託將高風險供應商列為拒絕往來戶

三井住友信託銀行在對客戶的說明上，經常使用大量的紙張。公司所有的辦公、印刷用紙均 100％採用再生紙，同時也全面盤點出 512 項屬於紙製品的文具用品。主導永續紙張採購的是總務部主任丸山春代。他針對供應上述文具用品的供應鏈，調查各家廠商所使用的原料來源、紙材的採購源頭等，接著比對聯盟提供的資訊，找出未考量社會面、環境面的廠商，將其列為拒絕往來戶，不向其採購紙製品。

丸山表示：「重新檢討採購的合作夥伴，當然會增加成本，不過，集合三井住友信託集團旗下 25 家公司做統一採購，可以收到以量制價的綜合效果。」

貼有 FSC 認證或 PEFC 認證標章的產品，消費者透過這些標示就能夠了解業者對自然資本的態度。不過，物流運輸用的瓦楞紙器，消費者卻接觸不到，而花王正是這麼一家連消費者都看不到的運輸用紙箱也採用 FSC 認證紙材製作的企業。花王出品的紙尿布來自於通過 PEFC 認證的原紙，這一次他們連瓦楞紙箱都要認證。

執行董事兼採購部門統括（複數個以上採購單位的主管）的田中秀輝作了以下的說明：「消費者雖然看不到用在運輸過程中的瓦楞紙箱，不過，我們想向通路、零售業者傳達花王的永續哲學。」

零售業的龍頭 7-11 也展開行動

日本最大的連鎖式便利商店業者 7-11 的陳列架也出現了改變。自 2017

■經 FSC 及 PEFC 認證的紙材廣泛應用於飲料包裝和瓦楞紙箱

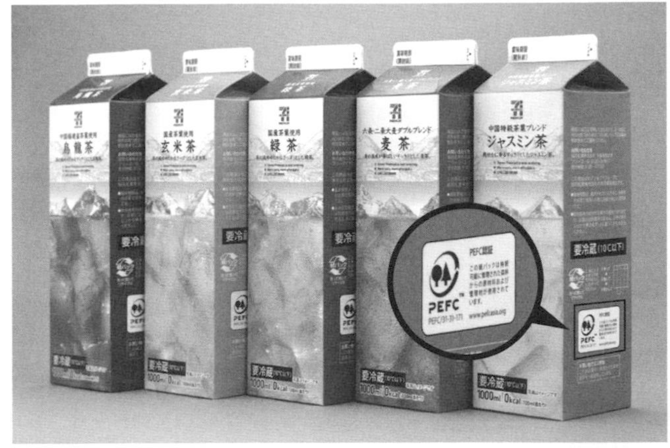

7-11 自有品牌、1000 毫升裝系列的茶類飲料，使用載有 PEFC 小樹標章的認證紙張做紙盒包材，於全日本門市同步上架販售。

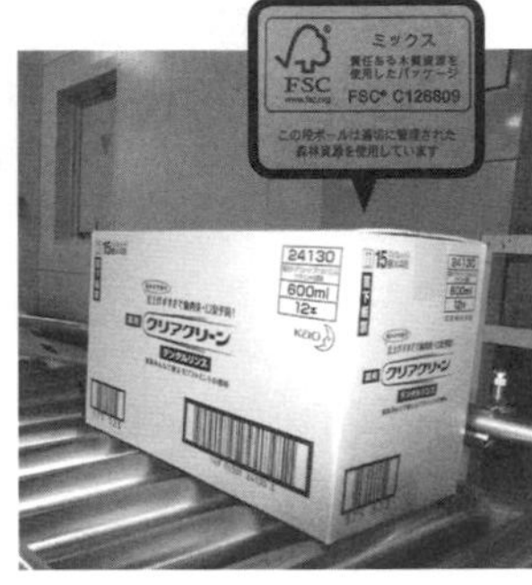

麒麟 6 罐裝啤酒的外包裝紙（左圖）、花王物流運輸用的瓦楞紙箱（右圖）一律採用 FSC 認證紙材，認證紙張的市佔率也大幅提高。

出處：日本 7-11 (上)、 KIRIN(左)、 花王 (右)

年 6 月起，我們可以發現 7-11 的陳列架上出現了印有 PEFC 標章的鋁箔包，那是 7-11 的自有品牌、1000 毫升裝的綠茶、烏龍茶等茶類飲料，在全日本 2 萬家分店同步上架。

以前講到森林管理認證紙張，通常給人只有環保意識比較高的辦公室事務機設備商才會使用的印象。如今，連最貼近消費者的便利商店也開始出現載有森林管理認證標章包裝的商品，顯示社會與民眾意識逐漸在改變。

在 7-11 積極要求「飲料包裝容器的紙材，也必須將環境面因素納入考量」的前提下，日本製紙導入北美、北歐生產的 PEFC 認證紙張，供應 7-11 所需的紙類包材。

「森林管理認證的主要推動力來自於使用端和生產端的想法一致，這也使得近一、兩年掀起了第二波的認證紙張熱潮。」日本製紙的業務負責人說道。也從 2015 年開始，包括 7-11 在內的多數客戶，不約而同向日本製紙提出所用紙張應來自永續經營森林的要求。當時，日本製紙雖然有供應鏈獲得 FSC 和 PEFC 產銷監管鏈認證，不過，該供應鏈僅提供出版印刷用紙部分，在紙類包材這部分並沒有相關的規定措施。

日本製紙為因應這波需求，積極展開紙類包材供應商的認證。2016 年 2 月，日本國內 9 處紙類包材業務據點，全部通過 FSC 和 PEFC 產銷監管鏈認證，日本製紙也訂下目標，到 2015 年前完成所有的紙類包材都改採經 FSC 和 PEFC 認證合格的紙張做原料。為了擴大紙類包材業務領域，2016 年 6 月收購惠好（Whyerhaeuser，美國大型綜合性林產品企業）的紙容器紙板廠，完備整體供應系統。

「能在飲料的包裝盒空白處打上森林管理認證的標章和說明，就是用最簡單、清楚的方式，告訴消費者公司對環境的關心與考量。今後還要持續不斷地擴大使用。」日本製紙的業務負責人對森林管理認證紙張做出了擴大市場的期許。

透過生產端的整合，形成完備的認證紙張供應體系

另一方面，位於生產端的造紙廠也大力推動森林管理認證。王子控股集團位於日本境內的 19 萬公頃自有林地，全部通過 SGEC 認證（本認證標準已與 PEFC 認證實施互認）。王子的海外造林事業面積約有 31 萬公頃，其中的 20 萬公頃也取得了 FSC 認證。自 2011 年開始，王子推出印有 FSC 小樹標章的全新品牌「nepia」面紙、捲筒衛生紙，所用紙漿全部經過 FSC 森林管理協議會認證。

違法木材成為全球性議題之際，日本製紙連合會（簡稱製紙連）也提出

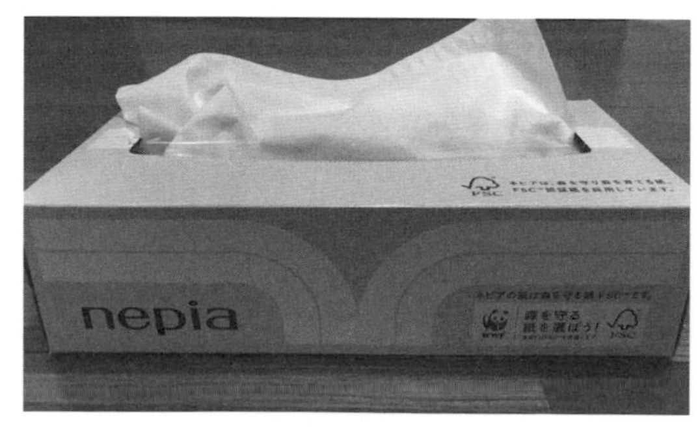

王子控股集團的 nepia 面紙、捲筒衛生紙，以 100%通過 FSC 認證的紙漿產製。出處：藤田香

對策。2006年針對違法採伐問題訂出行動方針，約束製紙連的造紙、製紙企業會員必須遵守確認產源合法性的規定，同時須提出造紙原料供應鏈的溯源報告、產地調查、並提高森林管理認證紙材的採購比率。各造紙、製紙企業據此訂出自家企業的原料採購方針、建立合法性驗證系統，製紙連則每年進行調查，同時由專家及NGO團體組成的外部第三方委員會就其調查報告做查證。

除此之外，日本製紙連合會也在2016年出版專屬的盡職調查實施手冊，供會員企業依循手冊對木材合法性進行盡職調查。該手冊的制定乃參考嚴格的歐洲木材法（European Union Timber Regulation，EUTR）內容，為因應乾淨木材法上路前所進行的調整與規範。

東京奧運也隱含促使森林管理認證紙張普及化的可能性。配合東京奧運的需求供應，製紙廠商採購的紙材中，不分國內自產或國外進口，大約有21%的比例通過森林管理認證，如果再加上雖然不是森林管理認證材，但皆依標準採購，在合法性、環境面、社會面等面向都經過第三方驗證單位檢核通過、符合管控木材規範的紙材，則有67%之多。盡管如此，比例還是需要再提高。

日本製紙連合會常務理事上河潔說：「東京奧運的標準採購納入了很多FSC認證和PEFC認證的標準，就連門票、大會手冊等等也需要符合採購規範的要求，東京奧運是一個讓森林管理認證紙張普及化的契機，我們還要藉此機會擴大並協助供應鏈中的下游廠商取得產銷監管鏈證書。」可以預期的是造紙產業的生產端企業和使用端企業在森林管理認證合格的取得上，勢必有飛躍性的進展。

臺灣也有這樣做

【森林管理認證】
林務局推動永續森林經營 FSC 總裁首次來臺參與論壇

【森林管理認證】
森林管理有認證、森林功能有保障

【森林管理認證】
臺灣森林管理新曙光—透過驗證推向國際化

【森林管理認證】
振興林業，友善環境－農委會開先例補助林業機具與 FSC 驗證費用

【森林管理認證】
公私聯手取得國際認證屏東林管處獲 FSC 森林永續標章

【森林管理認證】
國有林地 FSC 驗證實務操作

森林

木材——住宅・不動產

G7 決議打擊違法木材

整體動向

2016 年 5 月在伊勢志摩舉行的七大工業國組織領袖高峰會，談及已開發國家共同採取行動，以使聯合國永續發展目標早日實現。行動之一「杜絕非法採伐和森林永續經營」被記入領袖會議宣言當中。非法木材的問題浮上檯面，成為全球關注的重要議題。

對以木材為主要原物料的營建商、不動產業者來說，如何建立永續木材採購的機制，成為經營上必須面對的最重要課題。走在前面的先進企業很早就開始實施木材責任調查，並且將原物料替換成通過森林管理認證的木材，以迴避風險。

認證木材不僅被使用在獨門獨院的住宅上而已，現在連集合式的住宅建築也跟進採用。木材的進口貿易商開始致力於原物料的負責任採購。伊藤忠建材 2016 年全年度進口的木材當中，有 65％是 FSC 或 PEFC 認證木材，20％是符合綠色採購法規範的合法木材，剩下的 15％則加強並加速合法木材的確認及進程，伊藤忠也訂出到 2018 年 100％確認進口木材的來源完全合法的目標。為了加強供應鏈管理，伊藤忠對供應商的問卷調查也從 10 個題目，增加到 52 個題目。

東京奧運無疑是一股推波助瀾的助力，促使廠商進行永續性的木材採購。以新國立競技場為首的奧運比賽場館，採用極為大量的木材成為設計亮點，這些木材當然適用 2016 年制定的「考量永續性之木材供應基準」，基準的適用對象當然也涵括用於混凝土模板的合板。就有 NGO 團體指出，用於模板工程的合板，有混入違法木材的風險。

在此違法木材成為全球性問題之際，日本建設業連合會於 2016 年 4 月制定「生物多樣性行動方針」，供會內承攬奧運場館設施工程的建設公司會員依循。該方針有 5 大支柱，其中之一就是「資材採購」，期許透過方針的制定能讓全體會員在營運時能融入生物多樣性的考量。

■ 東京奧運的永續木材標準

出處：日經 ESG

適用對象	製材、集成板、直交集成板（CLT）、合板、單板層積材（LVL）、彎曲板、混凝土模板用合板、家具木材。
標準	1. 遵循原產國的森林相關法令，被適切管理的木材。 2. 來自訂有中長期經營管理計畫之森林的木材。 3. 營運考量保護生態系統議題。 4. 營運考量原住民和當地住民的權益。 5. 提供勞動者安全的措施。
要件	● 以通過 FSC、PEFC、SGEC 認證的木材為原則。 ● 非通過認證的木材，但符合 1~5 項的標準，且符合附件要求。 ● 優先選用國產木材。
附件	合法性的證明方法可參考林野廳發布的「木材及林木產品合法性證明指南」。混凝土模板用合板可參考綠色採購法等。

東京奧運的採購準則以採用國產木材為優先。積極使用國產木材，不但是有效的排除違法木材的做法，同時對振興國內林業、維護里山生態系統、支援地方創生等各方面，都具有實質的推進效益。

住友林業訪查 200 家供應商

住友林業的業務範圍從供應鏈上游的森林經營，延伸至下游的住宅銷售，形成完整的產業鏈服務。對住友林業來說，木材是一切經營的基礎。「善用天然的樹木，透過與居住有關的各種服務，貢獻己力使社會邁向繁榮富足。」始終是住友林業的經營理念。

住友林業有 5 大重要的 CSR 課題，其中之一就是「兼顧永續性及生物多樣性的木材採購」。旗下無論是以進口銷售為主的木材建材事業，或是負責建造並銷售房屋的住宅事業，都各自訂有木材的採購目標。

以木材建材事業來說，進口木材佔營業額的 8 成，因此，未來將持續提高 FSC 等認證木材的採購量，同時徹底執行未認證木材的合法性確認。在認證木材的採購佔比部分，到 2020 年的目標為提高至 12%。住友林業在乾淨木材法還未實施之前，就已經導入「木材採購盡職調查」系統，藉以降低進口木材的採購風險。

公司內部設有「木材採購委員會」，負責進行木材的採購標準審議以及違法木材的風險評估。2015 年將木材採購方針修訂並更名為「住友林業集團採購方針」。每年召開 3 次的木材採購委員會，針對 200 家以上

■ 住友林業的永續木材應用

出處：住友林業

〈住宅事業〉
優先採用國產木材。到 2020 年，採樑柱工法之木構造建築物，其主結構用料的 75% 以國產木材為優先。

兩大事業領域的木材採購原則。

〈木材建材事業〉
優先進口具有認證標章的木材。未有認證標章的木材確保可溯源。

■ 住友林業的盡職調查實施架構

出處：住友林業

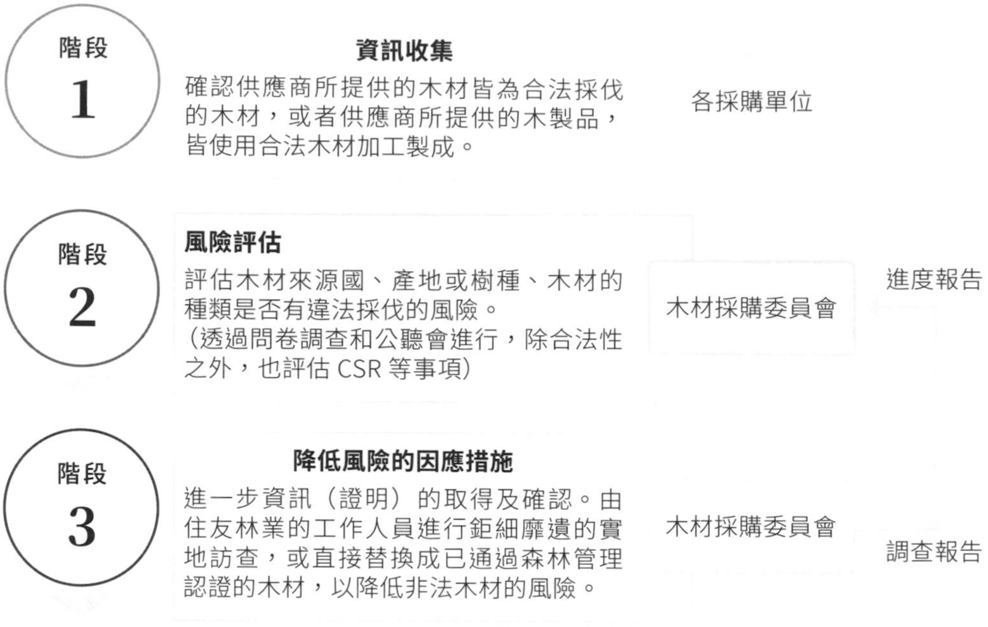

階段	內容	負責單位	
階段 1	**資訊收集** 確認供應商所提供的木材皆為合法採伐的木材，或者供應商所提供的木製品，皆使用合法木材加工製成。	各採購單位	
階段 2	**風險評估** 評估木材來源國、產地或樹種、木材的種類是否有違法採伐的風險。 （透過問卷調查和公聽會進行，除合法性之外，也評估 CSR 等事項）	木材採購委員會	進度報告
階段 3	**降低風險的因應措施** 進一步資訊（證明）的取得及確認。由住友林業的工作人員進行鉅細靡遺的實地訪查，或直接替換成已通過森林管理認證的木材，以降低非法木材的風險。	木材採購委員會	調查報告

的供應商進行審查，就產品溯源、合法性、環境永續、人權保障及勞工權益等各方面做確認。

盡職調查分三階段實施：

第 1 階段為各個採購單位所做的供應商書面審查，由派駐人員與廠商聯絡，確認公司名稱、所在地、樹種、採伐地點、許可證字號以及有無認證標章等資訊。

第 2 階段為風險評估，依照木材採購委員會制定的採購標準就地區、樹種、木材的種類等進行違法木材風險評估。本階段針對是否侵犯當地居民及勞工權益、是否為具生物多樣性及高保護價值的森林等議題，除了對廠商進行問卷調查以外，也會在當地進行公聽會等。

第 3 階段為採取降低風險的作為。透過前兩階段的查察，經判斷為有風險的地區或有問題的木材，視狀況進行實地訪查，或直接替換成已通過森林管理認證的木材。

住友林業的強項之一是派駐人員與當地居民皆能建立起良好互動與密

切關係。住友林業於全球大約有 200 個供應據點，散佈在 20 個國家，每一個據點皆有總社派駐的人員駐點，確認各項要求是否達標，以確保永續性的供應與採購。

在其住宅事業方面，則專注於提高國產木材的使用比率。善加利用國產木材有助於國內林業的活化。住友林業在日本國內擁有 4 萬 6444 公頃的自有林地，全部都取得 SGEC 認證（本認證標準已與 PEFC 認證實施互認）。在北海道甚至有只使用道產木材的建案。為了讓國產木材更容易被使用在住宅建造上，住友林業也致力於構件改良，藉以提高國產木材的使用比率。

住友林業訂有木構造建築物使用國產木材的計畫，其目標為到 2020 年，樑柱工法的主結構用料當中，75％為國產木材，框組壁工法為 55％。統計 2016 年度的資料，樑柱工法部分的達成率為 71％。

積水房屋進行供應鏈評分改善計畫

積水房屋針對木材採購，以自主開發的方法定量化評估供應商，以分級管理建構永續供應鏈。該公司訂出了數個要在 2050 年前落實、深具挑戰性的目標，其中之一就是「達成生態系統網路最大化」。「堅持人與自然和諧共生」的積水房屋，在 2016 年以住宅營建業者的身份，首次發表「連結生態系統森林零破壞」宣言，揭示 100％永續供應鏈管理的採購方針。

積水房屋對木材每年有 30 萬噸的需求量。乾淨木材法頒布後，涵蓋對象從政府機關採購擴大到一般的民間交易，積水房屋更積極致力於木材的永續採購。

積水房屋早在 2007 年就已經制定「木材採購指南」，該指南也成為其日後推動永續採購的強力支援。積水房屋的木材採購指南共有 10 項指標，由於是與環保團體日本地球之友（Friend of Earth，FoE）共同作成，所以內容都與生物多樣性有關，除了列有「木材來自非法產地的可能性很低」、「木材來源為非瀕危樹種」等項目外，也兼顧了國產木材和勞動面議題，例如木材不會以剝削勞工是以侵犯人權的方式生產等等。

該指南也與時並進，配合時代趨勢進行改版修訂，例如追加了全體供

■ 積水房屋的木材採購指南（各項指標的量尺分數為 1~5 分）

出處：積水房屋

1 木材來自非法產地的可能性很低。
2 木材的產地為自然生態保護區以外的區域。
3 木材來自大量砍伐天然林以外的地區。
4 木材來源為非瀕危樹種。
5 木材在生產、加工、運輸的過程中，皆已將削減 CO_2 列入考量。
6 木材的產區並沒有發生與當地居民對立或剝削勞工的情事。
7 木材來自有計畫性採伐的地區。
8 木材為訂有妥善森林管理計畫的國產木材。
9 木材為能夠修復並維護生態系統的人工栽培林木材。
10 對資源循環有貢獻的木質建材。

積水房屋將採購的木材分成 S、A、B、C 等 4 級，各級的採購比率如下。S 級的比率呈現上升趨勢。

S 級：34 分以上 A 級：26~34（不含）分 B 級：17~26（不含）分 C 級：17 分以下

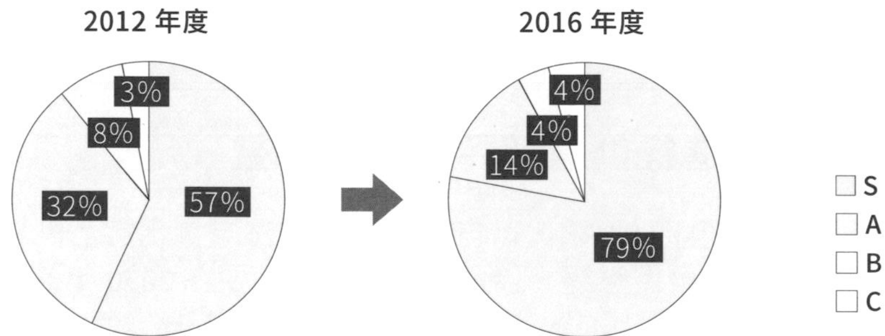

應鏈共同減碳以及勞工權益等指標。積水房屋以建材供應鏈為對象，對 50 家主要的商社和建材加工廠發出問卷，請他們就各項指標的達成率做回覆。問卷共有 10 題（即 10 項指標，見上圖），每一家供應商都有其對應的等級，積水房屋也藉此分級進行供應鏈管理。也就是說來自 S 級的木材比率越高，就越能保證積水房屋所採購的木材具永續性，能穩定供料。

積水房屋的木材採購指南有一個很大特徵，那就是沒有將森林認證木材列入指標。雖然積水房屋沒有將森林認證木材視為必要條件，不過，在評核指標 4「木材來源為非瀕危樹種」時，如果廠商回答供應的是森林認證木材，就可以加 2 分。

「森林認證木材在市場上的規模尚屬於小量，如果規定只能提供森林認證木材的話，不僅會造成採購上窒礙難行，而且，會使小型的山林事業主無法營生。所以，我們到現場稽核查察，和業者交換情報，幫助他們做改善，在背後支援他們解決社會性的問題。」積水房屋環境推進部部長佐佐木正顯說明未將森林認證木材列入指標的意涵。除此之外，供應的木材如果是林業結合小規模農業的混農林業，也會獲得額外的加分。

除了與 NGO 團體定期互動、交換情報，確實掌握木材的採購風險以外，積水房屋認為展現出善於鑑識、讓山林事業者感受到積水房屋是木材行家、鑑賞家的態度，也非常重要。「俗話說嫌貨人才是買貨人，為了滿足內行人的眼光，廠商就會戰戰兢兢，做好一切工作」（佐佐木）。這也是確保優質資源的不二法門。

積水房屋也會將木材評估的「成績單」送交到供應商的手上。因為木材採購指南的制定，導致有些供應商（如樓板建材製造商）必須以變更樹種來因應，成本因此增加。不過，「以長遠的眼光來看，增加的成本其實是對產地的投資，因為這麼做才能確保公司擁有穩定而且永續的產源。」佐佐木做了以上的說明。供應商也受到影響，逐漸改變觀念，知道確保 S 級木材的生產，等於是在幫助公司永續經營。

S 級和 A 級木材佔整體木材採購的比例，2012 年度是 89%，到了 2016 年度，已經來到了 93%。只計算 S 級佔比的話，也從 57% 增加到 79%。事實上，積水房屋大量使用森林認證木材，建造的住宅，用在結構上的木材，90%以上都是森林認證木材（含認證過程木材）。

大和房屋在 2055 年之前，實現森林零破壞

大和房屋工業和積水房屋兩大企業不約而同自我挑戰，一前一後提出森林零破壞的宣言。將在 2055 年迎來創業 100 周年的大和房屋，在 2016 年制定了「Challenge ZERO 2055（挑戰零淨 2055）」，宣示於 2055 年時實現環境零負荷的決心。挑戰零淨 2055 以防止地球暖化、與自然環境相調和、保護資源和防制化學物質污染為 4 大主軸，攜手整體供應鏈一同落實與實現。主軸的「與自然環境相調和」的做法，就是「森林零破壞與綠地零淨損（No Net Loss）」，透過完成這兩個目標來保護自然資本。

如何達到森林零破壞呢？大和房屋的對策就是停止對天然森林造成破壞的木材採購，並於 2030 年時達到使用於住宅、建築物的木材，皆為「零毀林」所生產的木材。到 2055 年時，則是不限住宅、建築物，旗

下所有事業範疇所採購的木材，都必須是完全沒有經毀林而來的木材。為了實現森林零破壞，大和房屋積極建立追溯到源頭的透明化溯源制度，同時和 NGO 團體合作，修訂木材採購的標準。

在綠地零淨損方面，大和房屋致力於迴避和減輕隨著開發而來的自然資本損失，設法使衝擊最小化。大和房屋也和客戶合作，提升綠地的量與質。因開發行為使得生物多樣性遭受衝擊時，則以在其他地方進行棲地復育作為補償。

三菱地所熱銷的集合住宅採用森林認證木材做地板

除了獨棟住宅以外，日本的高樓式集合住宅也開始關注永續木材的採購議題。三菱地所為了避免誤用違法木材的風險，開始將興建大樓時必須用到的合板，替換成通過森林管理認證的木材。該公司早已規定凡是建造的獨棟住宅，一律使用山梨縣生產的 FSC 認證木材。山梨縣擁有 14 萬 3000 公頃的公有林地，幾乎已全數取得 FSC 認證。

三菱地所 Home 與山梨縣合作，自 2011 年起，將該縣生產、領有 FSC 認證標章的落葉松單板層積材（LVL）寫入獨棟住宅的建造標準規範中，自此規定住宅的橫樑必須使用此一認證木材。除此之外，三菱地所房屋也採用 LVL 加工製成的構件作為室內地板的材料。透過這些有效的地方資源應用，不僅活化了森林，同時也肩負起山梨縣地方創生的重責大任。

隨著東京奧運開幕日期的接近，還有乾淨木材法的制定，令三菱地所感受到即便是大規模的集合住宅，終得面臨不得不使用永續木材的那一天。於是，三菱地所率先在旗下的住宅品牌──「The Parkhouse」所推出的兩個建案中採用 FSC 認證木材，做為施作地板的底板。三菱地所認為為了徹底避免發生非法木材混入誤用的風險，還是選購有 FSC 認證標章、能夠溯源的木材比較妥當。

2016 年 4 月，三菱地所制定了「CSR 採購指南」，此舉也成為該公司重新檢視木材風險的契機。該指南納入了環境、人權及法令遵守等各項標準，並要求全體供應鏈、總共 3300 家廠商都需要依循。在制定的過程中，三菱地所詳細調查了所有的採購品項，「發現木材和棕櫚油的風險特別大。」環境・CSR 推進部的專任部長吾田鐵司說道。

木材是旗下兩家關係企業三菱地所 Home 和三菱地所 Residence 都有的採購項目，棕櫚油則是購入作為肥皂的原料，專門供應給三菱地所負責管理的大樓浴廁使用。針對高風險的木材採購項目，相對於早已經有對策的三菱地所 Home，負責開發、興建高層住宅的三菱地所 Residence 算是起步較晚。首先，他們決定在「The Parkhouse 大宮」和「The Parkhouse 麻布仙臺坂」這兩個建案中，使用經過 FSC 認證的建材。

這些建材已經取得「部分 FSC 驗證木材之產品（FSC 認證的一種，以認證材加工而成的構件）」的認證標章。三菱地所 Residence 以往在採購底板建材時，並不會指定材料，從商社到高架地板製造商之間的供應鏈，到底用了什麼木材，難以追溯採認。不過，指定了山梨縣產的 FSC 木材以後，整個流程都透明化了。

「很多地板施工廠商、還有統包商都是第一次聽到 FSC 認證，聽完我們的說明以後，他們也自動自發地學習，無形中提高了全體供應鏈的永續意識。」三菱地所 Residence 的業務部企劃組組長—岡崎新太郎感觸頗深地說道。「今後我們會在整個集團推動使用 FSC 認證木材，希望指定 FSC 認證木材或 PEFC 認證木材或國產木材的地方越來越多。」

不過，由於底板上還要再貼一層面板，所以，木地板完工後，底板並不會被看到，前來賞屋的消費者也就無從得知三菱地所 Residence 採用認證木材的用心和意義。因此，三菱地所 Residence 製作了小冊，放置在大宮建案的大樓共用區，向民眾說明大樓如何活用國產木材以及該公司對木材的堅持等。「東京奧運越來越接近，此時強調負責任的採購，比較容易得到廠商的理解和支持。我們想要趁這個機會先往前跨一步，積極推動永續採購。」岡崎熱切地說道。

用國產木材蓋高樓，把熙攘市街變森林

為了降低進口違法木材的風險，積極使用國產木材、支持地產地銷的企業越來越多了。日新月異的製材加工技術也帶來了新的市場。最近，都會區接二連三地出現了木造的商業大樓等大型建築物。位於橫濱市的「Southwood」購物中心，就是一棟 4 層樓的木屋，也是大型商業設施實踐木造建築的首例。

在此之前，受限於日本建築法規中的耐火基準，諸多限制使得大面積

與中高樓層的建築物無法以木製建造。2000 年，日本政府修正了建築法規。法規鬆綁後，耐火建築物可以木造化，但必須使用「遭遇火災時，能夠阻擋延燒、維持結構不會傾倒的木材」建造。只要能夠滿足這個條件，取得「1 小時防火時效證明」，那麼，在要求最嚴苛的都市「防火區域」中蓋 4 層樓以下的建築物，也可以有木造建築這個選項。

為回應木造建築的需求，近年來出現了耐火性能極佳的木質構件。竹中工務店開發的「Moen Wood」具有三層構造，內部使用國產的落葉松積層材，中間部分為砂漿加木板層，最後再黏合木材做成表面層，砂漿層具有防止延燒的作用，已取得「1 小時防火時效證明」。Moen Wood 已應用在橫濱市的 Southwood 和大阪木材仲買會館的建築中，其中，Southwood 的 170 根樑、柱皆使用 Moen Wood。

2017 年 2 月，竹中工務店也開發出以杉木為主材的 Moen Wood，同時，以石膏板替代砂漿，作為防止延燒的燃燒停止層。「我們的目標是把都市從水泥叢林改造成森林，透過木材的力量，讓木造建築成為連結都市和地方的橋樑。」竹中工務店說明了木材的效果。預定 2018 年 2 月完工並啟用的東京都江東區第二有明中小學也決定大規模使用 Moen Wood。

■ 三菱地所的大樓使用 FSC 木地板

出處：三菱地所

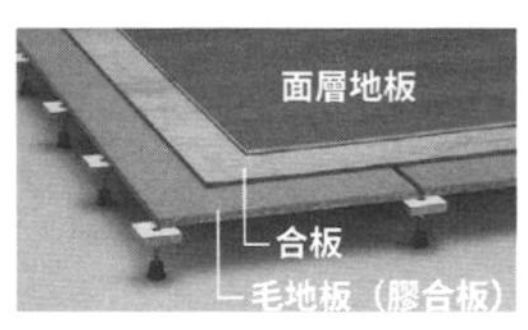

三菱地所得土地開發集合式住宅 The Parkhouse 大宮（左圖），採用山梨縣產的 FSC 認證木材做地板材料，有效提高高架地板製造商以下的供應鏈透明度。

● FSC 認證木材的使用流程

認證木材
生產工廠
銷售公司
商社
庫存・物流銷售
高架地板製造商
地板施工廠商
統包商
三菱地所 Residence

■ 通過產銷監管鏈認證
■ 部分 FSC 驗證木材之產品

隨著具有高性能防焰、耐燃的木質構件的登場，使得高層木造建築成為都市環境中的可能選項。大阪市的「木材仲買會館」採用竹中工務店開發的 Moen Wood，打造樓高 3 層的木造商辦大樓。出處：竹中工務店

鹿島與東京農工大學等單位共同合作開發的 FR Wood，同樣屬於能夠滿足防火要求的積層材。FR Wood 使用國產杉木，注入阻燃藥劑，取得防火時效 1 小時的證明。位於東京都文京區防火區域的「野菜俱樂部 oto no ha Cafe」，就是一棟使用 FR Wood 蓋成的 3 層樓木造餐廳。負責施工的住友林業木化營業部設計組經理西出直樹說：「建築物以木材建造，不但能充分發揮本公司的強項，更重要的是學校、老人之家等追求療癒感的地方，需要木造。」神田神社附屬的新建文化設施也採用 FR Wood，又為國產木材拓展另一個應用領域。

隨著具有高性能防焰、耐燃的木質構件的登場，使得高層木造建築成為都市環境中的可能選項。大阪市的「木材仲買會館」採用竹中工務店開發的 Moen Wood，打造樓高 3 層的木造商辦大樓。將多層木板按木紋走向、縱橫交錯疊壓而成的多層次實木結構積材 CLT（Cross-Laminated Timber）也是備受矚目的防火新建材。CLT 能夠做為壁材，也因此使得大型建築物木造化得以實現。位於豪斯登堡園區內的「奇怪的旅館」是日本首次導入 CLT 的木造客房飯店，曾掀起一陣話題。歐洲已經有 9 層樓高的全木結構住宅大樓和大型商業設施。

東京奧運的新館場—新國立競技場，其屋頂使用了大量載有森林認證

標章的國產落葉松和杉木蓋成，而且，服務建議書中也提出 CLT 的應用。如何使國產木材得到更多應用的技術開發，不但能夠活化森林這個沉睡中的自然資本，透過間伐還能夠促進森林再生，進而協助地方產業發展。

更多資訊

NGO 環保團體嚴格檢視東京奧運的木材用料

在木材使用上，最出人意表的風險，莫過於用在混凝土模中的合板建築模板。考量尺寸公差問題，這一類的混凝土模板合板長久以來皆從馬來西亞和印尼的熱帶雨林進口。不過，這些地區很多都是非法採伐的高風險區，具保護價值的林木經常被盜採濫墾，也就容易衍生問題。雨林行動網路等四個環境 NGO 團體揭露，目前正在興建中的新國立競技場，使用了廠商所供應的非法採伐合板，該合板被用在混凝土模中。

針對此一抗議，奧委會發表聲明陳述木材皆使用通過 PEFC 認證的木材，但不排除混入了來歷不明的雨林木材的可能性。東京奧運是全球矚目的盛事，東奧對環境和人權等方面的要求自然也會受到關注。企業在進行採購時，勢必要更加嚴謹，要求全體供應鏈共同遵守，絕對要以負責任的採購回應。

註：新國立競技場已於 2019 年完工。

臺灣也有這樣做

【合法木材／非法木材】應用區塊鏈打擊非法木材交易，我國參與APEC工作小組會議獲國際肯定與迴響

【合法木材／非法木材】推動合法木材利用，林試所取得政府部門第一張國際林產品產銷監管鏈證書

【合法木材／非法木材】木材產品有驗證，保護森林有一套

【合法木材/非法木材】林產追溯認證加盜伐通報平臺，公私協力守護林

雨林

天然橡膠——汽車、輪胎、橡膠

汽車產業界共同面對並因應森林風險

整體動向

汽車產業界在原料採購的階段，容易對水和森林等生態系統產生衝擊。此外，車體所使用的生質原料和皮製品，也會造成自然環境的負荷。因此，日產汽車使用自然資本定量評估工具「ESCHER」，以全體供應鏈為對象進行定量評估，藉以了解營運活動在供應鏈的哪個階段對環境造成何種負荷？確實掌握並進行風險管理（詳見第 197 頁）。

日產汽車很早以前就曾經透過世界企業永續發展協會（WBCSD）設計的「企業生態系統服務評估（Corporate Ecosystem Service Review，ESR）」方法，評估汽車與生態系統服務、生物多樣性的關係。評估結果顯示，「能源取得」、「原物料資源取得」和「水資源利用」為高度重要性之議題，日產汽車也據此列管並落實對議題的管理。

製造汽車的材料當中，大約有 80％屬於金屬材料，也就是說對礦產資源的依賴度很大。礦產資源進行開採時，不僅得挖掉表土破壞地景，還必須耗用極大量的水資源，使用過後的廢水排放會引起水質污染，有時候還得砍伐森林。因此，在原物料資源取得方面，日產汽車積極推動資源再利用。以 2016 年度來說，車輛粉碎後殘餘物的回收再利用率高達 98.1％，在安全氣囊部分也有 93.5％的回收再利用率。在水資源方面，也訂有每生產一輛汽車的用水量，到 2016 年度要較 2010 年度減少 15％的節水計畫正在進行。

時至今日，汽車產業則有其他新的風險浮上檯面，那就是採購製造輪胎的原料天然橡膠時伴隨而來的森林破壞。豐田汽車和美國通用汽車（GM）等大型汽車製造商正結合業界，要與輪胎製造商共謀對策。

豐田汽車要求供應鏈
具體回應生物多樣性及水資源對策

豐田汽車於 2016 年 1 月修訂了以供應商為對象的採購方針，距上一次修訂時間已經 5 年。豐田邀請了資材、零件、物流和設備等 330 家、大約 500 位供應商，齊聚總公司的會議室，發表並為他們說明新版的「綠色採購方針」。

新版的「綠色採購方針」要求全體供應商針對產品生命週期的各階段採取降低環境負荷的措施，其特徵為大幅度充實「營運需考量生物多樣性」以及「強化水資源管理」等內容。

此次綠色採購方針的修訂，是為了落實豐田汽車於 2015 年 10 月制定的「環境挑戰 2050」。環境挑戰 2050 規劃了豐田汽車到 2050 年的長期願景，明確地定義出豐田汽車應該採取哪些行動，才能實現可永續發展的社會。環境挑戰 2050 總共有六大挑戰，分別是「新車 CO_2 零排放挑戰」、「生命週期 CO_2 零排放挑戰」、「工廠 CO_2 零排放挑戰」、「水環境衝擊最小化挑戰」、「建構循環型社會與體系的挑戰」以及「創建人與自然共生的挑戰」。

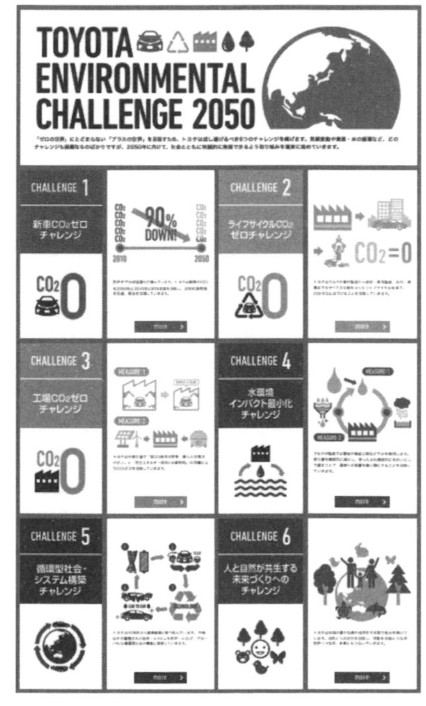

豐田環境挑戰 2050 由六大挑戰構成，分別是「新車 CO_2 零排放挑戰」、「生命週期 CO_2 零排放挑戰」、「工廠 CO_2 零排放挑戰」、「水環境衝擊最小化挑戰」、「建構循環型社會與體系的挑戰」以及「創建人與自然共生的挑戰」。出處：引用自豐田汽車官網

在發表會上，由內山田竹志董事長領頭，管理階層的幹部依序上臺，以深入淺出的說明向全體供應商簡報每一項挑戰的意涵。水資源戰略以及與自然共生等和自然資本有關的目標也被列入挑戰中。

隨著車輛由燃油車，逐漸轉型為油電混合車、燃料電池車，使得在車輛行駛過程中的廢氣排放也大幅降低。不過，在零組件製造時的環境負荷卻有增加的趨勢。為了達成環境挑戰 2050 二氧化碳零排放的目標，供應商勢必要降低自身營運對環境造成的負荷。然而，供應鏈上游想要降低環境負荷並不容易，而且，有些情況下，必須在減碳和生物多樣性之間做取捨。

舉個例來說，豐田汽車在部分車款，如 SAI 和 LEXUS 的車室內裝採用由生質渣滓所製成的環保塑料植物性樹脂（Bio PET），目前纖維絲添加植物性樹脂達到 30％的比例，未來以完全採用 100％的植物性樹脂為目標，即便是量產車款也要採用植物性樹脂纖維。

「從 PET 到 Bio PET，可以有效降低二氧化碳的排放量，但卻會增加森林的負擔，二氧化碳和生物多樣性之間究竟該如何權衡，變成了一須面對的課題。」時任（2016年）環境部擔當部長的石本義明說出了難處。

意識到要完成挑戰，有賴全體供應鏈協同合作的豐田汽車，開始著手修訂採購方針，距前次修訂已經五年。新版的綠色採購方針首次將「對生物多樣性的考量」納入規範，並且表明供應商應「強化水資源管理」。

在生物多樣性方面，豐田汽車要求供應商在在產品研發設計、生產製造、土地利用等各階段，導入更多因應生物多樣性的作為，針對水資

■ 豐田汽車向供應商佈達的新綠色採購方針

豐田環境挑戰 2050

1 新車 CO_2 零排放
2 生命週期 CO_2 零排放
3 工廠 CO_2 零排放
4 水環境衝擊最小化
5 建構循環型社會與體系
6 創建人與自然共生的未來

新版綠色採購方針

建構環境管理的機制
強化供應鏈的環境。

削減溫室效應氣體的排放量
從生命週期考量並強化整體性的溫室效應氣體的削減措施。

降低水環境衝擊
包含水質、水量、周邊環境在內的水資源循環措施。

資源循環的推進
善用生質能、促進再利用・再循環的設計。

化學物質的管理
遵守化學物質管理・法規、遵守豐田標準。

建構與自然共生的社會
將生物多樣性納入研發設計、生產製造、土地利用等各種活動中考量，並採取各項必要的措施。

TOYOTA
グリーン調達
ガイドライン
2016年1月
トヨタ自動車株式会社

豐田汽車新版的綠色採購方針依循環境挑戰 2050 的主題，向供應商提出要求事項，請供應商回應對生物多樣性的考量以及強化水資源管理。出處：豐田資料提供日經 ESG 製作

源此一領域，除了既有的水資源目標以外，也要求供應商訂出降低用水量的目標，並新增雨水利用、水循環利用、水源保護等項目。

以成為天然橡膠界的「聯合利華」為目標

針對供應鏈的風險管理，豐田汽車最近開始另一個新課題，那就是生產輪胎必備不可欠缺的天然橡膠課題。製造輪胎的原料當中，有將近三成來自天然橡膠，雖然現在有合成橡膠，但其強度性能仍然趕不上天然橡膠，也使得天然橡膠成為無法取代的原料。今後隨著新興國家的經濟成長，全球對汽車的需求日益增加，導致對天然橡膠的需求也不斷上升。結果造成熱帶雨林被砍伐，紛紛被闢成橡膠園，以供應市場所需。根據世界自然保護基金會（WWF）的調查，全球的天然橡膠產量在過去的 40 年間，已經增加了 3 倍，2014 年大約生產了 1200 萬公噸，輪胎工業就消耗了所有人工種植天然橡膠的 7 成。

天然橡膠的主要產地為泰國和印尼。印尼婆羅洲的雨林在過去的 30 年間，已經損失了 3 成的森林，蘇門達臘島的林地面積也退縮了一半。紙漿和棕櫚油的生產當然也和雨林遭到破壞脫不了干係，總之，為了開發新的橡膠園所衍生的環境風險已成避無可避的問題。

豐田汽車也因此開始關注輪胎的原料天然橡膠的採購問題。2016 年 7 月，豐田汽車與世界自然保護基金會簽署全球夥伴關係合作協議，朝天然橡膠永續生產和利用的方向前進，同時也著手制定涵括環境面和社會面的天然橡膠生產相關國際標準。

事實上，世界自然保護基金會為了改變全球的橡膠生產型態，不僅邀請了以豐田汽車為首的汽車製造商，同時還邀請輪胎製造商等相關產業，一同加入全新創設的天然橡膠生產與利用的平臺。這個新平臺定義負責任的天然橡膠生產與利用必須包含以下的要件：具有可溯源性、保護保育價值高的森林、保護碳存量高的森林、與當地居民達成共識、實踐供應鏈透明化、避免侵犯人權並維護勞工的權益以及第三公正單位定期稽核等，基於這些要件展開天然橡膠生產相關國際標準的制定。身為該平臺發起人的豐田汽車備受期待。

豐田汽車環境部部長根本司惠斬釘截鐵地說道：「我們已經走到了不得不做供應鏈管理的時代了，負責任、永續的採購是義務。」豐田汽車的目標是要建立一個和棕櫚油永續發展圓桌會議（RSPO）一樣的組織。

豐田汽車與世界自然保護基金會簽署全球夥伴關係合作協議，共同宣布將聯手制定天然橡膠生產的國際標準。
出處：藤田香

RSPO 是由英國和荷蘭的消費性商品全球領導公司聯合利華與世界自然保護基金會共同成立的非營利機構，他們號召相關產業加入，並且制定了棕櫚油的國際標準，該標準也成為日後 RSPO 認證制度的標準，乃一全球公認的世界級標準。

豐田汽車期許自己在天然橡膠這個議題，也能夠扮演聯合利華的角色，訂下在 1~2 年內完成標準制定的目標。至於是否會建立認證制度，雖然還沒有確定的答案，不過，若要建立需要 3~5 年的時間。

順帶一提，此次豐田汽車與世界自然保護基金會簽署的全球夥伴關係合作協議，雙方合作的範圍涵蓋了生物多樣性和氣候變遷這兩部分。在生物多樣性方面，有 3 個合作計畫，對豐田汽車來說，永續的天然橡膠採購最為重要。其他兩個計畫分別是亞洲地區的森林保育和地方支援，豐田汽車每年提供 100 萬美元的援助，連續提供 5 年。這些計畫都是為了達成「豐田環境挑戰 2050」中「建構與自然共生的未來」的對策。

在氣候變遷方面，則依照世界自然保護基金會和碳揭露專案（CDP）等機構創立的科學基礎減量目標（Science based target，SBT，以巴黎協定為基礎，企業自主提出減碳目標）所述的方法，計算出應減碳的額度並訂為努力的目標。

全球第一大的汽車製造商豐田汽車致力於實現採購永續的天然橡膠在

全球市場成為常態的願景，透過其全體供應鏈的共同參與，具有帶動整個汽車產業的領頭羊效果。

美國通用汽車成為全球第一個提出「森林零破壞」的汽車製造商

繼豐田汽車之後，美國通用汽車發表了更具企圖心的宣言。2017 年 5 月，通用汽車做出承諾，旗下所有的輪胎都將「使用零砍伐、永續採購的天然橡膠。」這是汽車製造產業首次承諾將對天然橡膠做負責任的採購與利用。通用汽車也表明將以保護天然林和高保育價值森林的作為，達成森林零破壞的目標，同時將促進種植天然橡膠的農家以及相關勞動者的權益列入採購方針，透過與法國米其林等主要供應商的合作，建立新的永續性天然橡膠的平臺。

實際上，輪胎大廠米其林早與世界自然保護基金會簽有全球夥伴關係合作協議，而且也在 2016 年承諾「森林零破壞」。據估計，「到 2030 年，天然橡膠的需求量每年增加 2.7%，需要開發 400 萬公頃的土地才足夠應付。」為了將土地開發限縮在最小面積，米其林的對策有研發輕量輪胎、嘗試將更多可回收可再生材料整合進輪胎中、開發替代原料、對舊輪胎進行翻新（磨去輪胎表面的橡膠，貼上新的胎面再利用）等。米其林評估產地的風險，同時也發布「永續的天然橡膠採購方針」。

該方針由五大面向組成，分別是「尊重人權」、「保護環境」、「改良農業技術」、「謹慎利用天然資源」以及「健全的公司治理」。通用汽車遵循森林零破壞的承諾，積極推動高保育價值地區及高碳存量量地區的保育工作，透過各種措施將對動植物和自然生態的衝擊降到最小，同時導入天然橡膠的溯源機制。

美國通用汽車於 2017 年 5 月承諾「所有輪胎都將使用零砍伐、永續採購的天然橡膠。」這是汽車製造產業的首例。出處：美國通用汽車官網

米其林也在印尼的兩處農場進行天然橡膠的永續性生產

實證實驗。「這個計畫的目的是為了恢復森林和復育生物多樣性，預定雇用 1 萬 2000~1 萬 6000 名當地的居民，防止居民非法砍伐森林，同時也提高橡膠園的產量。計畫執行 10 年來，在與當地居民的共同合作下，已經種植了 4 萬 5000 公頃的天然橡膠林。」米其林的資深副總暨採購總監路克．曼凱簡單地說明了這個計畫。

法國米其林輪胎透過智慧型手機監督人權及勞權

自 2013 年開始，米其林也對天然橡膠供應商在環境和人權方面的表現進行評比。米其林採用永續評比機構 EcoVadis 的評估工具，透通過 EcoVadis 平臺向供應商發出與環境及人權有關的標準化問卷調查表（問卷內容乃依照 ISO26000 及聯合國全球盟約等主要的國際性規範設計），供應商直接上線在平臺上完成回答問題以後，程式就會自動加總算出得分，供應商和採購業者可隨時上網閱覽。在這種情況，等同供應商在永續性方面的作為和效果受到監督，有助於提升供應鏈的意識及管理。該問卷調查表滿分為 100 分，米其林設定及格分數為 45 分。

「2013 年剛導入 EcoVadis 的時候，分數超過 45 分的供應商只有 11%而已，到了 2017 年 6 月，已經有超過半數 50%的廠商及格了。」米其林的 CSR 經理愛德華．杜．羅斯特朗切身感受到 EcoVadis 的效果。

種植天然橡膠的農家，經營規模一般來說都不大，針對上游供應鏈，米其林於 2017 年開發出一款行動裝置應用程式 APP「Rubberway」，藉以確保供應鏈的末端也能致力於天然橡膠的永續性。Rubberway 所涵括的對象不僅限於直接交易的廠商，供應鏈中的所有利益相關者，例如廠商的協力加工廠、中間商到負責種植的生產者等等，都能結合 APP 進行自我評估。回答者只要滑開手機，打開 APP 回答與環境、人權、勞動慣行有關的問題即可。做答完成後，APP 即自動算出分數，評估結果經過彙整後便會顯示在儀表板上。2017 年初該評估工具上線試用，目前已正式推出使用。

供應鏈按照性質分為幾個階層，分別是加工廠、中間商、小農戶以及大農場，問卷有 50 題，都是選擇題。誰需要作答？由米其林挑選，整份問卷只需要 15 分鐘即可作答完成。推動初期，由加工廠的廠長回答，接著會擴及該加工廠的所有協力廠商，最後連小農戶也要回答進行評估。評估的指標共有四項，分別是人權尊重、環境保護、農業慣行以及供應鏈的透明度和可追溯性。

法國米其林輪胎發布「永續的天然橡膠採購方針」，並在兩處農場進行實證實驗計畫。世界自然保護基金會邀集汽車製造商和其他輪胎製造商共同合作啟動永續天然橡膠全球平臺，米其林也加入了該平臺。
出處：米其林指南

從下游的工廠到上游的中間商、小農戶、大農場，只要回覆問卷者，Rubberway 都會個別呈現該廠家的評估結果，同時也會產出全體供應鏈的評估一覽表，從該表可以很容易地看出哪家廠商需要訓練輔導或支援協助。

「期待其他的輪胎製造商也能使用這項工具，我們可能有共同的加工廠和供應商，這樣就能夠資訊共享，對整個產業的供應鏈透明化會有很大的助益。我們預定在 2018 年年初將這套軟體交給第三公正單位，由他們負責管理，讓這套軟體成為具有獨立性的評估工具，提供給橡膠產業使用。」羅斯特朗說道。

一個包含橡膠生產者和橡膠消費者、有政府會員也有私人企業會員的國際橡膠研究組織（International Rubber Study Group，IRSG）在 2014 年啟動永續天然橡膠倡議（SNR-i）。相對於此，此次由汽車製造商和輪胎製造商等聯手成立的平臺，期盼有更多認同天然橡膠永續生產及利用理念的企業加入，制定各自的採購方針，以建立透明、負責任、永續生產的天然橡膠供應鏈落實目標。

從天然橡膠樹（巴西橡膠樹）採集橡膠樹液。右圖為乾燥中的橡膠板。
出處：WWF 孟買（左圖）和 WWF 日本（右圖）

普利司通以替代原料——銀膠菊落實原料、產地多元化

輪胎製造商除了推動負責任的天然橡膠採購之外，也積極研發再利用的技術，以及尋找可以取代天然橡膠的輪胎原料，藉以降低天然橡膠不永續的風險。日本能源經濟研究所預測認為，全球的汽車數量到2050年將是2012年的2.5倍，達到23億輛，到時候可能會出現資源難以取得的困境。

有鑑於此，普利司通於2012年宣布，全集團有關於材料資源利用的長期願景為「100%材料永續化」，並計畫在2050年實現，表明普利司通不僅要使用永續利用的永續性原材料，還要促使當地社區和環境生態同時受益。為了實現該願景，普利司通擬定了3大策略，分別是「降低原物料的使用量」、「提升資源利用與資源循環的效能」以及「擴大採用可再生的資源」。目前正積極推動的有「輪胎翻新」技術的普及化，也就是把全新的胎面利用特殊技術粘貼到胎面上，如次一來既有的胎體就能夠繼續使用。

另一方面，替代原料的開發也如火如荼地進行。2015年10月，普利司通宣布天然橡膠成分源自銀膠菊的輪胎開發完成。銀膠菊是一種生長在美國西南部及墨西哥北部乾旱地帶的低矮灌木，其樹皮及樹根含有橡膠成分。「從以前到現在，製造輪胎所需要的天然橡膠原料都來自巴西橡膠樹，大約有9成的巴西橡膠樹都種在東南亞，產地過度集中，使用銀膠菊橡膠做成的輪胎如果能夠實用化的話，將有助於分散產地產源的風險，可說是向永續性的採購跨出了一大步。」普利司通的中央研究所主任中山敦做了上述的說明。

天然橡膠是製造輪胎不可欠缺的原料（下圖為各種原料的佔比）

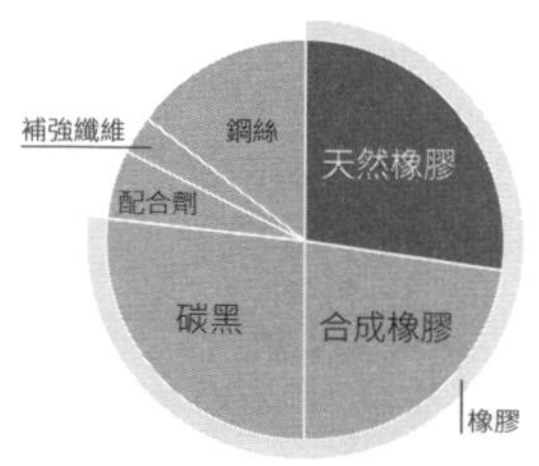

銀膠菊可種植於旱地

以銀膠菊取代天然橡膠原料製成的輪胎

普利司通利用萃取自銀膠菊植物的天然橡膠，製成輪胎。其目的為分散單一產地、原料的風險，不再只依賴巴西橡膠樹。出處：普利司通

作為替代原料的銀膠菊有 3 大優勢，第一個優勢當然是它可以分散天然橡膠的生產集中於同一個地區的風險，如同前面說過一般，有了銀膠菊做原料，熱帶雨林被砍伐清空的風險就可以降低，也能夠分散產地集中的風險。第二個優勢是銀膠菊的生長期間比較短，巴西橡膠樹在種植 4~6 年後才可以開始生產，銀膠菊只要 3 年就可以收穫了。第三個優勢是銀膠菊的橡膠取得容易。巴西橡膠樹長得十分高大，只有樹液中含有橡膠，需要靠人工採集。銀膠菊屬於低矮灌木，而且全株都含有橡膠，能夠利用機器收成。普利司通在美國亞利桑那州的農場栽培銀膠菊，從橡膠的萃取精製到製成輪胎，全部由普利司通一手包辦。

「利用這種新材料做成的輪胎，能夠滿足輪胎的基本性能需求。接下來要進行行走測試，看看銀膠菊橡膠輪胎在舒適性和耐久性方面的表現如何。我們希望它在 2020 上半年能夠正式上路。」中山說出對替代輪胎的期許。為了達到實用化，今後必須要持續研究銀膠菊以及相關的技術。

臺灣也有這樣做

【非法漁業】
臺歐盟持續合作打擊 IUU 漁業，善盡區域漁業管理責任

【非法漁業】
推動沿近海責任制漁業，加強保育海洋資源

【非法漁業】
沿近海漁業管理及責任制漁業之實踐

海洋

水產品——水產、零售、外食

超市、飯店都在賣永續海鮮

整體動向

水產資源也是風險相當高的自然資本之一。聯合國教科文組織（UNESCO），將「日本和食」列為世界非物質文化遺產，壽司和生魚片在全球各地都是人氣料理，為了健康緣故，選擇吃魚的人也越來越多。全球人口不斷在增加當中，漁業資源的減少，甚至枯竭，已然形成嚴重的問題。依據聯合國糧農組織（FAO）的資料顯示，從1974~2011年之間，全球海洋水產資源中，屬於過度捕撈狀態的魚類種群比例大幅增加，從10%上升到29%，屬於低度或適度捕撈狀態的魚類種群從40%下降到只剩下10%。除了魚群之外，其他的海洋生物也都瀕臨過度開發的危機，顯示海洋資源狀況日趨惡化。

魚類被納入聯合國永續發展目標14

日本的近海漁業資源狀況也不甚樂觀，根據水產廳的數據指出，近海52魚種84種群，其中41個種群已處於數量極少、魚群枯竭的狀態。深受日本人喜愛的日本鰻鱺因資源量急速減少，被國際自然保護聯盟（IUCN）列為瀕危物種。太平洋黑鮪魚由於數量嚴重下滑，也受到國際漁業管理組織嚴格限制撈捕額度。

受到天然水產資源減少的影響，導致水產養殖漁業迅速發展。根據世界漁業白皮書的內容，2012年全球的漁業總生產量為1億5400萬噸，其中有四成是養殖魚。水產養殖漁業在1990年大約成長了一成左右，自此呈急遽成長的態勢，直至今日。水產養殖漁業也引發各種環境和生態問題，例如高密度養殖導致周遭水域受到污染、濫用抗生素、為了餵飽養殖池塭裡的魚，捕撈更多的小魚等等。再者，養殖場的勞權和人權問題也常成為輿論抨擊的對象。

除此之外，最近浮出檯面的還有非法漁業的問題。歐美國家有一套機制防止非法捕撈的漁獲流入市面（詳細參考第185頁）。只要歐美國家增

■ 全球海洋水產資源的漁獲資源狀況

出處：日本水產廳依據聯合國糧農組織（FAO）的資料做成

■ 全球漁業總生產量推估

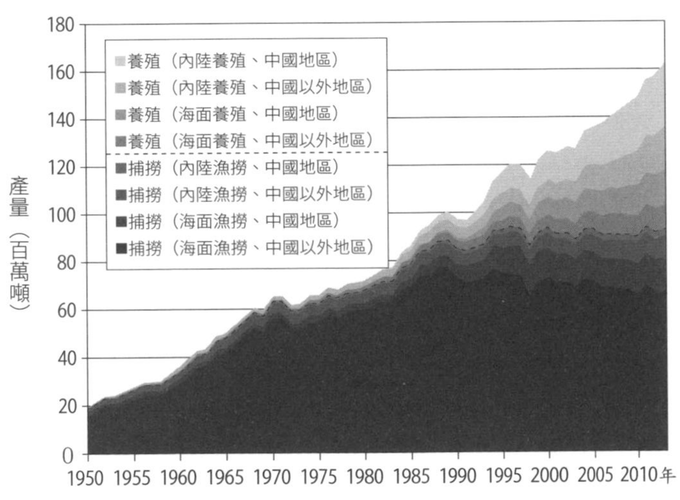

出處：聯合國糧農組織（FAO）統計資料

加資源管理和產銷溯源的強度，那些不受規範和非法捕撈的魚獲就很容易流入法規鬆散的日本。永續利用的魚類資源成為全球爭奪的標的物。

與海洋環境、資源有關的議題，SDGs 將其歸納整併至目標 14「海洋生態」。隨著東京奧運開幕腳步的逼近，以永續利用為宗旨的海洋水產物食材供應基準也制定完成並公布，全世界都在看東京奧運究竟會使用什麼樣的水產品。提供永續水產品也具有食品安全得到保障的意義，總之，永續的海洋水產資源是一個與環境面和社會面都有密切關聯的重大議題。面對這個議題，日本有哪些因應作為呢？日本如何生產永續水產品？如何把永續水產品送到消費者的手中？不僅是企業需要面對這個議題，消費者的觀念和意識也應該要有所轉變。

另一方面，目前的國際趨勢對日本來說是有利的，日本開發的全新技術正好派上用場，有助於拓展永續水產物的市場。這些技術包含了完全養殖技術以及不使用魚粉、植物做水產育成飼料的技術等等。

永旺集團以生態認證標章水產品
主導水產業的永續發展

領先業界推動永續水產品上市的企業，正是日本零售業的龍頭——永旺集團。自從 2006 年推出全亞洲第一個獲得海洋管理委員會（MSC Marine Stewardship Council）認證的野生捕撈魚以來，持續提供給消費者經過認證的水產品。MSC 認證由獨立的第三方公正單位評估某項漁業是否符合能夠維護海洋生態系統及多樣性、能防止海洋資源枯竭等標準，以確保野生魚類來自以永續方式管理的漁業。

繼 MSC 認證之後，在養殖魚部分，永旺集團也開始販售能證明其生產方式兼顧了環境及社會之取得 ASC（Aquaculture Stewardship Council）認證的養殖魚。目前已能供應取得 MSC 認證的水產物有 18 種 38 品項，取得 ASC 認證的有 5 種 12 品項。經過認證的水產物的銷售額可達數 10 億日圓的規模。這些雖然只佔永旺集團整體銷售額的一小部分，但可知永旺集團認定了「為了能夠永遠有魚可賣，資源管理及取得認證是無法避免的重要事項」。

永旺集團的行動對水產供應鏈產生了巨大的影響。永旺集團並於 2017 年 4 月提出「集團相關之超市販售的水產品 100% 取得 MSC、ASC 產銷監管鏈（CoC）認證生態標章，且主要的魚種品項皆能夠證明永續性及透明性，並以自有品牌供應。」的 2020 年目標。

永旺的賣場。冷藏櫃展示著通過 ASC 認證、兼顧環境與社會利益的養殖魚。出處：藤田香

成立魚類風險管理委員會

「零售商對水產品和農產品等生態系統的依賴度很高，假如自然資源無法永續獲得，意謂著事業就無法再繼續經營下去了。」基於前述的想法，永旺集團於 2010 年制定了「生物多樣性方針」。2014 年 2 月，領先業界發表「永續採購方針」，為自然資源的永續利用建立一套標準，凡是非法交易、非法取得的自然資源以及濫獲魚種的商品一律排除，同時確立溯源制度。

針對高風險的水產品，另外訂定「水產品採購方針」，停止採購被華盛頓公約列為瀕危物種的歐洲鰻，並持續採取積極的措施販售有 MSC 認證和 ASC 認證的永續水產品。

永旺集團也在公司內部建立起一套控管的機制，那就是由 20~30 人所組成的風險管理委員會。風管會議召集環境、採購、品管等相關部門人員定期召開，針對具風險的魚種及採購方法等進行檢視與討論。該會議至今已獲得多項成果，包括強化認證水產品和完全養殖魚的推廣措施、禁止非法交易、限額捕撈數量減少的仔魚等，配合資源狀況和國際趨勢做即時的因應調整。

其他的零售業者對認證水產品的銷售仍然抱持著消極、觀望的態度，永旺集團依舊以引導消費者正確認識認證標章的意義為己任，透過消費者影響零售流通業。「我們會繼續努力，要在 2020 年前，讓有認證標章的水產品銷售額達到所有水產品的 10%。」永旺 RETAIL 水產企劃部長意氣風發地說道。

在因應風險的同時，永旺集團也轉為積極的掌握機會。水產品通過認證貼上標章，需要支付銷售額的 0.5%作為認證費用，永旺集團的做法是設法從物流上降低成本，使認證水產品的價格和以往的產品一樣，以不影響消費者的權益為原則，除此之外，永旺集團也在品質和食用口感上下功夫，要抓住消費者的心。

譬如 2016 年 4 月新推出、貼有 ASC 生態認證標章的銀鮭。用來做鹽烤鮭魚的銀鮭，是日本人必買的食材。因為必買，也讓消費者變得很挑剔。永旺集團於是從生產、加工上著手，在魚體的表面均勻塗抹濃度控制在 3%的鹽，烘烤時即可讓鮭魚看起來更美味，而且表面焦香、內裏多汁，預料該產品的銷售將一路看好。「如果價格和口感不輸給以前

■ 永旺集團永續採購方針及 2020 年目標

出處：永旺

永旺集團永續採購方針	永續採購 2020 年目標
從防止資源枯竭和保護生物多樣化的觀點出發，定期進行風險評估，並且檢討出可行的對策以降低風險，致力於負責任的水產品採購	● 與永旺集團集團連結之超市販售的水產品 100％取得 MSC、ASC 產銷監管鏈（CoC）認證生態標章。 ● 主要的魚種品項全部能夠提得出永續性及透明性的證明，並以自有品牌推出。

的產品，在友善環境、有益社會的加持下，我相信消費者一定會買單。」松本說道。

2014 年永旺首度推出貼有 ASC 認證標章的大西洋鮭，第 2 年該產品的銷售業績就成長了一倍。品質、還有色香味俱全之外，強調永續的訴求也不可少。「如何將產品的美味和永續性傳達給消費者，是很重要的關鍵。」松本說道。

永旺集團對於震災區的漁業振興協助也不餘遺力，持續大力支持受災區的認證產品。2017 年上市、取得 MSC 認證的長鰭鮪魚，正是東日本大震災的受災區宮城縣鹽釜市的竿釣漁業。由於是一支釣的漁法，比較不會傷害魚身，漁獲品質高而穩定，而且能夠溯源到漁船和魚獲的位置。2016 年 4 月，同樣來自受災區的宮城縣南三陸町的牡蠣出現在永旺的超市。該牡蠣為取得 ASC 國際認證的養殖牡蠣，同時也是日本國內首次通過認證的魚貝類。

想要擴大認證水產物的市場，提高消費者的永續意識是不可欠缺的一環。透過永續教育的推廣，讓消費者了解永續的重要性，對企業來說，也是責無旁貸的任務。永旺集團於 2011 年制訂的永續基本方針，開宗明義地說：「到 2020 年，與股東一同以實現永續的社會為目標」。

所謂的永續社會，就是「地區社會與企業一同成長、一同發展。」永旺集團環境、社會貢獻部部長金丸治子為永續社會做出說明。為了和顧客、社會一起實現永續社會的願景，永旺提出了永續食材普及化的對策。

2015 年 11 月，永旺在超市設置第一個匯集了貼有 MSC 和 ASC 標章的認證商品專賣區「Fish Baton」，向消費者展示並推廣具有永續性的水產品，藉以啟發消費者的永續意識。Fish Baton 利用動畫和插畫交替的

永旺集團在旗下各超市依序開設貼有 MSC 和 ASC 標章的認證商品專賣區「Fish Baton」，藉以啟發消費者的永續意識。
出處：永旺

方式，表達這一代不讓水產資源枯竭，要把水產資源傳給下一代的心意，內容也穿插了 MSC 認證和 ASC 認證的簡要說明。永旺集團預計在 2020 年之前，設有 Fish Baton 專賣區的超市達到 100 店。

東京被選為 2020 年國際奧運的主辦城市之後，永旺集團也緊緊跟隨在全球趨勢腳步的後頭。2017 年 3 月，東奧委員會公布之水產品食材供應基準，將保護生態環境和確保人權勞權等列為必要條件。在水產品方面，如果取得 MSC 認證和 ASC 認證，就視為符合基準。

上述基準甫一公布，永旺集團隨即在 2017 年 4 月發布「永旺永續採購方針」，除了既有的水產品和森林資源採購方針以外，新增了棕櫚油及其他、農產品和畜產品等採購方針，同時也設定了至 2020 年欲達成的目標值。

永續食材如果消費者不買單的話，就難以永續。所以，永旺集團認為教育消費者是必要的，透過教育引導消費者成為推動永續的一環，讓東京奧運成為日本永續漁業發展的契機。

以東京灣出產的鱸魚再次挑戰永續的西友

緊追在永旺集團後面的有日本生活協同組合連合會和西友。日本生協連販售的是經過 MSC 認證的水產品，有鱈魚子和阿拉斯加鱈魚，2017

年 6 月推出挪威產的鯖魚，進入秋季還會開始販售來自美國的比目魚和太平洋真鱈。

日本生協連也預計在 2018 年將 15％的水產品更換成 MSC 和 ASC 認證水產品。西友與海光物產合作，自 2017 年 5 月起開始販售海光物產的永續海鮮鱸魚。現屬於美國零售巨頭沃爾瑪旗下的西友，曾經推出取得 MSC 認證的進口水產品，但銷路低迷始終不見起色，最後只好認賠下架，可說是個慘痛的永續經驗。

不過，由於母公司沃爾瑪持續推廣永續海鮮，使得西友不得不採取積極的措施回應。沃爾瑪旗下販售的野生水產品當中，已經有 36％被替換成 MSC 認證水產品或依據 GSSI（The Global Sustainable Seafood Initiative，全球永續水產品倡議）程序認證通過的水產品，其餘的水產品雖然還沒有認證標章，但都是以取得認證為目標，正在執行漁業改進計畫 FIP（Fisheries Improvement Project）的轉型水產品。養殖水產品中則有高達 99％的比例皆已經取得 BAP（Best Aquaculture Practices，最佳水產養殖規範）認證（參考第 180 頁）。

西友與千葉縣的海光物產、NGO 團體 Ocean Outcomes 以及顧問公司 Seafood Legacy 形成夥伴關係，共同策劃並執行東京灣的鱸魚 FIP。

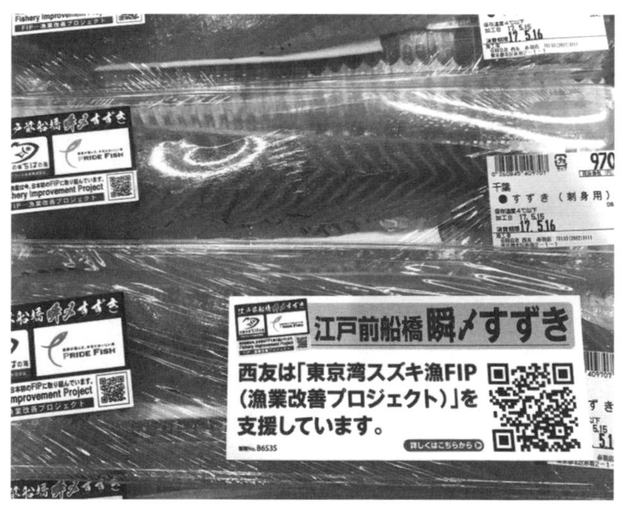

西友與海光物產等結盟，共同執行漁業改進計畫（FIP），自 2017 年 5 月起開始販售東京灣的鱸魚。出處：藤田香

漁業改進計畫的目的是為了取得生態標章驗證，計畫成員必須包括生產者、通路商與非政府組織等，全員共同努力以邁向永續漁業。計畫開始之初須先收集情報進行資源評估，然後針對需要改善的議題討論並擬訂執行計畫，同時定期檢視計畫的執行狀況，並視實際需要調整計畫內容。計畫執行期間，皆有第三公正單位進行查核。

日本首度參與漁業改進計畫的零售業者，就是西友。該計畫自 2016 年啟動，陸續完成為進行資源評估的情報收集、為避免混入瀕危物種所採取的忌避及監控措施、為完成目標擬定具體行動計畫等等。該計畫所需經費均由西友提供。2017 年 5 月，東京灣 FIP 鱸魚在 20 家超市同步鋪貨開始販售。

「商品必須要有能夠吸引消費者的亮點，才能避免重蹈覆轍（引進 MSC 產品失敗的經驗），這時候我們突然想到 FIP 是一個值得強調的訴求。」西友的企業公關部副總和間久美惠說道。

海光物產的鱸魚從海上釣起後，立刻活締，魚被捕獲離開水面的瞬間立即宰殺的一種處理漁獲的技術，一般認為是一種比較人道的殺魚方式，同時可使魚肉保持最佳鮮度），進行活體放血、神經破壞，藉以提鮮並保鮮肉質，屬於頂級漁獲。

每年 5 到 10 月是鱸魚最肥美的季節之意，西友把這段期間捕自東京灣 FIP、以活締技術處理的鱸魚命名為「瞬〆（Shi-me）鱸」。推出以後，市場的反應不錯。FIP 水產品也是東京奧運水產品供應基準的認可項目，和間期盼「東京奧運能夠成為促使永續海鮮普及化的契機」。

柏悅飯店推出全新永續菜單

講到永續海鮮的推廣，目前幾乎都是以零售業者為主力。不過，知名的飯店業者也開始共襄盛舉了。位於新宿的東京柏悅飯店（Park Hyatt Tokyo），館內的法國餐廳「GIRANDOLE」引進了通過 ASC 認證的挪威養殖鮭魚，以「永續大西洋鮭魚」為名，推出全新菜單。GIRANDOLE 也使用 MSC 認證的明蝦和干貝做食材，從 2017 年 5 月又加入另一個新力軍，那就是海光物產的東京灣 FIP 鱸魚。

東京柏悅飯店之所以採用永續海鮮，肇因於美國總公司的要求：「在 2018 年以前，全球的 Hyatt 飯店所採購的魚貝類水產品當中，至少需

■ 東京奧運「考量永續性之水產品食材供應基準」

● **基準**

1 漁獲及生產必需遵守 FAO 的行動綱領和漁業相關法令。
2 野生水產品的捕撈漁業必須有資源管理的計畫，並且注重生態系統的平衡。
3 養殖水產品的養殖漁業必須改善漁場環境，注重生態系統的平衡，確保食材安全無虞。
4 遵守相關的勞工勞動安全法規。

● **具有下述條件即為符合基準**

· 取得 MEL、MSC、AEL、ASC 認證標章的產品，以及依據 FAO 指南進行審查並經認定的產品。
· 依據地方自治體的資源管理計畫·漁場環境改善計畫正在進行改善的漁業、養殖業，且能滿足上述第四點基準者。
· 以取得認證為目標，正在執行改進計畫的漁業、養殖業，且能滿足上述基準者。

● 以國產水產品為優先採購之對象，進口水產品以具生產履歷紀錄之產品為優先採購項目。加工品部分以原料能符合基準者優先採購。

MEL：海洋生態標章、MSC：海洋管理委員會、AEL：養殖生態標章、ASC：水產養殖管理委員會、FAO：聯合國糧食及農業組織）、GSSI：全球永續水產品倡議。出處：東京 2020 的資料由日經 ESG 整理

有 50％的比例是以環境永續為前提進行生產的海鮮。」其中的 15％還必須是通過 MSC 和 ASC 認證的水產品。

東京柏悅飯店的總料理長托馬斯·安格拉認為「將環境列入考量是使命」，於是他立刻下達採購永續海鮮的指令，豈料資材部的田口朋浩經理卻回報：「買不到。」這時才知道認證水產品的數量在日本市場上根本是鳳毛麟爪，最後只好向海外採購進口品。水產品一進到調理場，認證品就必須與非認證品區分做個別管理，並且取得產銷監管鏈 CoC 認證，這樣才能聲稱所提供的食材為認證水產品。東京柏悅飯店是全日本第一家通過 MSC 和 ASC CoC 認證的飯店，而且還帶動了 4~5 家供應商取得認證。

除此之外，東京柏悅飯店還建立了一套可追蹤至生產地的溯源系統，使每一盤鮭魚都具可追溯性。消費者的帳單收據上都載有傳票號碼，利用這個號碼即可追蹤到鮭魚的收料單、訂購單，即可得知生產者及產地。

由於透過以量制價等努力，認證水產品的價格並沒有高於以往的採購價格。東京柏悅飯店全體 400 位工作人員，通通都要接受包含海洋生

Girandole

Main courses
Saumon....¥3,800
サステナブルアトランティックサーモンのロースト
グリーンアスパラガスとモリーユ茸のソース
Loup....¥3,500
スズキの香草焼き レモンバターソース
ローストトマトとグリーンアスパラガス
Poulet paillard....¥3,600
大山鶏胸肉のパイヤール
チコリサラダとトマト

東京柏悅飯店的法國餐廳「GIRANDOLE」，菜單上出現 ASC 認證的「永續大西洋鮭魚」。此外也提供 MSC 認證水產品和 FIP 水產品。出處：藤田香

●每一盤魚的來源都環環相扣

消費者的帳單收據 → 收銀臺的傳票號碼 → 收料單 → 訂購單 → 鮭魚的編號 → 得知鮭魚從何而來？由誰生產？等資訊

態認證標章解說在內的環境教育課程，田口提到導入永續海鮮的成效：「認識標章就不用說了，同仁上完課後，也提高了自身對環保和人權的意識。」

用餐客人的反應也很好。「客人看到菜單經常會問：『永續大西洋鮭魚是什麼？』當他們聽完永續水產品可以守護海洋環境的說明以後，就會豎起大拇指給予褒獎。」田口瞇起眼睛笑著說。在國內外觀光客持續成長的今天，永續海鮮可以創造差異化，更能夠提高飯店的品牌價值。

外國飯店紛紛表明「不再提供魚翅料理」

對海洋水產資源的永續經營採取積極措施者，以外資系的飯店居多。近幾年來，有越來越多的飯店公開表示拒絕使用珍貴的天然資源。例如香格里拉大酒店（Shangri-la Hotels & Resorts）早在 2012 年就公布「魚貝類方針」，宣告「凡是香格里拉集團直營的飯店，一律停止使用魚翅和黑鮪魚入菜。」同年，半島酒店（The Peninsula）也發表聲明停賣各種魚翅料理。

長久以來，割鰭取翅已經造成 3 種鯊魚面臨絕種的危機，這些飯店業者預期華盛頓公約即將限定 3 種鯊魚的交易數量，所以，早一步加入保育的行列。果不其然，第二年，也就是 2013 年的 3 月，3 種鯊魚被

列入華盛頓公約的保護名單當中。

在華盛頓公約新的保護名單公告不久，日本的飯店和餐廳相繼爆發食材混充事件，引起一陣輿論撻伐。菜單上寫的是「大明蝦」，端上桌的卻是大草蝦混充的假明蝦，「紅鮭魚子醬」用飛魚卵魚目混珠，「魚翅湯」用的是以假亂真的冬粉。所謂的珍貴的、越來越難以取得的高級食材，其背後代表的意義不正是天然資源數量逐日下滑，枯竭危機日益顯現嗎？實際上，裏海產的魚子醬也被華盛頓公約限制交易額度，野生的大明蝦、芝蝦數量也越來越少了。

日本的飯店業者寧可魚目混珠，也不放棄所謂的珍稀食材的訴求。也就是說，他們透露給全世界的訊息是自己正在使用瀕危的動植物，儘管事實上他們並沒有使用。同樣面對珍稀食材的議題，外資系的飯店的做法是宣布停止供應，日本的飯店剛好反向操作，這是何等諷刺的一件事。從這件事可以清楚地看到，日本和歐美對永續海鮮的意識，截然不同。

日冷集團養蝦不砍紅樹林

採購永續水產品時，必須要注意海上的養殖水產。為了提高產量，東南亞很多地區都把原生的紅樹林清除，以便闢建更大規模的養殖場。這種做法不但造成生物多樣性流失，而且，原本可以降低災害的防風林功能也喪失殆盡。

養殖漁業還有其他問題，例如密集養殖的蝦子很容易染病，通常都會投予大量抗生素和疫苗，食餌方面一般是餵食人工飼料。食餌殘渣和排泄物等一起混入水中排放，經常被指為是污染鄰近水質的元凶。世界自然保護基金會日本分會的自然保護室水產專案負責人山內愛子也指出養殖場的問題：「有的雇主要求勞工住在漁場裡，還有童工和超時工作的問題。」

乍看之下對環境無害，而且又可以緩解珍貴天然資源壓力的養殖漁業，其實在環境和人權方面大有問題。在養殖魚類已經佔全球水產產量將近一半的今天，水產養殖場該如何永續經營，已經成為刻不容緩的問題。

日冷集團（東京都中央區）與世界自然保護基金會合作，支援在印尼進行不破壞紅樹林、採取粗放養殖（利用河海交會處的天然生態環境飼養）方式飼養草蝦的水產業者。這些蝦塘不使用抗生素，也不施放人工飼料，漲潮時，注入蝦塘的海水所帶進來的豐富浮游生物，就是蝦子最好的天然食物。這些天然飼養的草蝦批發給東海 Coop 事業連合，收入的一部分作為紅樹林復育的基金，和生產者一起恢復紅樹林的生態。日冷目前也正在考慮替這些草蝦申請 ASC 認證。另一方面，日冷也開始協助中國的蛤蠣生產者取得 MSC 認證，並以 2018 年通過認證為目標。

日本水產以國產蝦開拓市場

有水產大廠之稱的日本水產於 2016 年 11 月簽署「海產業守護海洋倡議（Seafood Business for Ocean Stewardship，SeaBOS）」，為其為對抗非法漁業活動，並且確保水產物來源合法透明所採取的積極措施。2017 年 2 月也加入「世界水產品永續倡議（GSSI）」，成為該組織的夥伴企業。除了逐一調查各個魚種的資源狀況進行供應調控以外，也專注於開發不給天然資源帶來負擔的養殖和完全養殖技術。

應用前述養殖技術並已商品化的水產物之一，就是國產的養殖蝦。日本水產早年在印尼養殖白蝦，由於養殖成本日益攀升，再加上供應鏈中隱約浮現的勞動風險，促使日本水產做出撤出印尼的決定。日本水產全集團與蝦子有關的營業額一年約有 400 億日圓，在漁類的銷售上，蝦子與鮭魚經常是互爭一、二的主力產品。

日本水產於日本陸上養殖的白蝦開始出貨了。超高的新鮮度為其一大特徵，企圖與進口冷凍蝦做出差異化。該養殖技術利用微生物，可以有效降低換水的頻率。上圖為技術研發階段的照片。出處：日本水產自從退出印尼以後，日本水產轉而販售進口海鮮。不過，「為了因應消費者越來越重視食品安全的議題，有必要重新檢討國產魚的價值，再者，現在想要對產品做溯源管理也比較容易了。」（日本水產執行長前橋知之）因此，日本水產開始涉足國內的養殖業務。

日本水產鎖定的養殖項目是白蝦。跟目前日本國內的青魽、鮭魚養殖比起來，白蝦的養殖環境中的水溫水質更難管理，投入的成本更高。相較於進口蝦，國產蝦的價格缺乏競爭力，所以，日本水產一開始認為國產蝦想要創造出規模化經濟，恐怕困難重重。陸上養殖場要做好水質管理，就得為水槽、水池進行大量換水。光是水處理系統就佔去整個養殖場四成的建置面積，對土地取得以及設備採購等支出都十分昂貴的日本來說，怎麼算都是不划算的生意。為了解決這個問題，日本水產決定研發不佔空間的養殖技術。

日本水產的陸上養殖技術主要是靠微生物。使用該微生物過濾循環技術的養殖池，不需要換水，因為水中的微生物即會淨化水質。養殖者只要把碳水化合物投入水中，微生物就會吸收碳水化合物和蝦子的排泄物，予以分解代謝，轉化成自身的食物。既有的微生物會吸引其他微生物共生繁殖，久而久之便形成活的微生物絮團，養殖者只需去除部分絮團即可維持養殖環境的潔淨。整個白蝦的養成週期只需要 4 個月，而且不需要換水，日本水產透過這個技術，實現以最少的資源來進行養殖生產。

經過大規模的商業化試驗後，日本水產於 2016 年秋天生產出第一批國產養殖蝦，計畫到 2018 年，要把出貨量提高至 200 噸。「養殖成本還是很高，不過，跟進口的冷凍蝦比起來，國產蝦在新鮮度上面佔優勢。我們鎖定壽司店等新客源。」前橋信心十足的說道。

成功推出完全養殖的青甘鰺

日本水產為了減輕幼魚等海洋水產資源的負擔，也展開了完全養殖青甘鰺的事業。旗下100%持股的子公司—黑瀨水產（位於宮崎縣串間市）整併傳統養殖的青甘鰺與完全養殖的青甘鰺，以自有品牌「黑瀨鰺」上市。2016年度各賣出80萬隻及70萬隻青甘鰺，養殖總產量達150萬隻、7300公噸，營業額高達61億日圓。

傳統的青甘鰺養殖，養殖用魚苗仍以野外捕撈者為主，但完全養殖的青甘鰺，從魚卵、孵化、飼育、養成至成魚再產卵，全部在人工飼養下完成，就資源層面來看，具有較高的永續性。黑鮪魚完全養殖的技術由近畿大學的研究團隊開發成功，該技術目前與豐田通商產學合作，由豐田通商依該技術完全以人工養殖的方式進行黑鮪魚的生產及銷售。Maruha Nichiro也有完全養殖的黑鮪魚，並已正式出貨到市面上。日本水產涉足完全養殖，自然也以商品化為目標。

實際上，日本水產的完全養殖魚比黑鮪魚還要早一步商品化，該完全養殖魚就是完全養殖青甘鰺。黑瀨水產巧妙地調控傳統養殖青甘鰺和完全養殖青甘鰺的產期，讓市場一年四季都有穩定的貨源供應。黑瀨水產使用添加小麥、大麥等植物性蛋白質及維他命等其他物質的魚粉配方做餌料，透過餌料成分的調整，有效地控制魚體的生長速度，讓傳統養殖的青甘鰺可以在每年的10月到翌年的6月上市，7~9月這段期間則以完全養殖的青甘鰺出貨。

黑瀨水產之所以能夠做這樣的產期調配，得力於導入一套在1~2月能夠取得人工魚苗的人工授精暨受精卵孵化機制。人工魚苗不但能夠經過篩選，找出優良品系進行「育種」，還可以透過水溫和光線的調整，改變魚的產卵期。這些技術成功地讓完全養殖的青甘鰺在7~9月的時候可以投入市場。為了將年度產能提高到70萬隻，黑瀨水產目前正在強化位在鹿兒島縣南九州市穎娃町的育苗場的生產設備。

期盼以新世代的餌料開發新市場的三井物產

從永續的觀點來看養殖飼料，就會發現這也是一個存在著風險的問題。因此，運用新技術開發出來、具永續性的養殖飼料，可說是前景看好。根據FAO的資料顯示，水產養殖總產量從2003年的3890噸增加至2013年的7020噸，平均每年以6%的比率成長，幾乎佔了全球漁

日本水產為了減輕幼魚等海洋水產資源的負擔，也展開了完全養殖青甘鰺的事業。旗下 100%持股的子公司—黑瀨水產成功開發出青甘鰺完全養殖的技術，並以自有品牌上市。出處：日本水產

水產養殖市場前景看好，三井物產投資擁有可以利用細菌製造魚飼料技術的美國 Calista 公司。該技術生產的養殖飼料可望取代以魚粉和大豆等水產資源、植物資源為原料的養殖飼料。出處：三井物產

業總產量的一半。水產養殖生產量年年增加，使得對養殖用飼料的需求也逐日增強。

以前大多使用鮪仔魚、沙丁魚等來生產魚粉做魚飼料，不過，魚粉原料的漁獲卻也導致漁業資源減少，在此壓力下，雖已有利用大豆等植物性蛋白製造的魚粉替代品，但這次卻引起砍伐森林改種大豆的問

題。「我們已經意識到，找出不會對海洋水產資源造成負擔的魚粉替代品，供應市場所需，是一個全球性的議題。」三井物產營養科學事業部經理齋藤有平說道。

該公司也因此切入開發養殖用飼料的事業。2017 年 5 月，三井物產投資一家位於美國新創企業 Calista 公司，Calista 擁有可以使細菌製造養殖飼料的技術，該技術主要是利用存在於自然界中的細菌，透過發酵產生胺基酸組成等皆與魚粉相近的蛋白質。這些細菌以甲烷氣（Methane Gas）為養分，因此，選在天然氣價格較低的美國生產，美國嘉吉公司（Cargill）也參與投資。「預計 2019 年開始在美國量產，產能為一年 2 萬噸，日後則提高到 20 萬噸。我們希望可以取代每年有 500 萬噸需求的魚粉市場。」齋藤言談中盡是期待。

東京奧運如何帶領大型企業進場？

認證水產品、完全養殖魚、對環境負荷小的養殖飼料研發等等，就在企業紛紛為邁向水產品永續發展積極努力之際，也引發了另一個課題，那就是這些永續海鮮該如何推廣到日本的消費市場上？東京奧運規定所供應的食材必須具備永續性，就可以產生影響力，至於如何推廣的做法，可以參考倫敦奧運。倫敦奧運期間，英國的農業社群組織 Sustain 提出「食物願景」，動員的觸角深入到各層面，他們請求販售很受英國民眾喜愛的經典美食「Fish & Chips（炸魚薯條）」的大、小店舖，使用 MSC 認證的魚來製作魚薯條。他們也邀請具影響力的企業訂出目標、做出承諾。英國的零售業 Sainsbury 公開響應，發表到 2020 年 100%只銷售 MSC 認證水產品的目標。

奧運的官方贊助商歐洲麥當勞承諾並宣布全歐洲的麥當勞將使用 MSC 認證魚做原料，而且，就在奧運開幕時兌現了承諾。2010 年時，麥當勞還沒有使用 MSC 認證的魚類，到了 2016 年，麥當勞位於歐洲、美國、加拿大，還有巴西的餐廳，所使用的魚全部換成了 MSC 認證的魚。

也就是說，首先要做的是制訂高標準和揭示目標值，藉以帶動企業跟進並做出承諾。企業則從自己辦得到的地方著手實踐，同時在採取行動的過程中不忘報告進度。這個步驟與以自然資本為首的 ESG 經營及其資訊揭露，流程相同。結果，倫敦奧運果然帶來了改變，英國市場上的水產品，申請並通過 MSC 認證的比率大幅成長，民眾對永續海鮮的認知度從 2010 年的 10%提高到 2016 年的 25%。

不過，倫敦奧運也有需要引以為戒的地方。倫敦奧委會在大會開幕前一年才公布水產品食材的供應準則，此舉使得國產水產品沒有充分的時間準備認證，以至於選手村裡的鮪魚、鱈魚、蝦子等食材不得不從國外進口認證品，被迫與優先使用國產品、盡可能地產地銷的目的背道而馳。

回國頭來看日本，採購準則和供應基準已在 2017 年公告，距 2020 年還有 3 年的準備期。跟倫敦奧運比起來，東京奧運需求的水產品種類繁多，對一些規模較小的魚協來說，想要及時取得認證無非是一場硬仗，盡管如此，奧林匹克運動會畢竟是全球矚目的國際盛事，日本仍應依循國際標準，同時保證確實遵守標準，藉此機會向全世界發聲。邀請主要的企業設定目標，從自身能做的事著手實踐，這才是有效的作戰策略。

載有 MSC 生態認證標章的麥香魚。奧運的官方贊助商麥當勞以 2012 年倫敦奧運為契機，開始在歐洲販售。
出處：日本麥當勞

註：MEL 是日本海洋生態標章委員會。

■ 日本政府規劃的認證水產品普及化藍圖

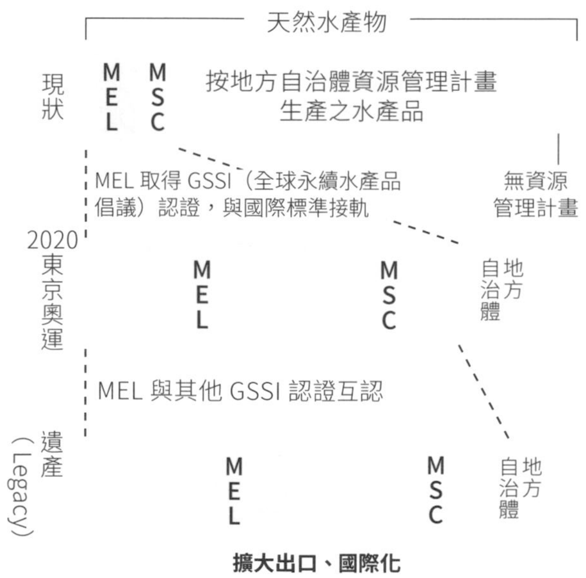

政府以東京奧運為契機，試圖增加水產類的認證產品。根據水產廳資料做成。出處：農林水產業的資料由日經 ESG 整理

人物專訪

ESG 投資成為提升企業價值的大好機會

三宅 香
永旺環境與社會責任 PR · IR 負責人

照相：永旺

2017 年 4 月，永旺發表了「永續採購方針」，方針在制定的時候，也參考了 SDGs 和東京奧運的供應基準等內容及趨勢。永旺很早就訂有水產品和森林資源的採購方針，這一次在森林資源方面，特別針對棕櫚油這個重要項目擬定個別的採購方針，同時也新增了農產品和畜產品的採購方針，並且設定到 2020 年的目標值。

本公司以 2010 年的 COP10 為契機，體認到如果沒有大自然的恩賜，事業經營就無以為繼，決議將生物多樣性 · 自然資本的保護定位為經營上的重大課題。「自然資源的永續利用」升級成為經營課題。

因此，永旺在 2010 年制定生物多樣性方針，隔年的永續基本方針將保育生物多樣性列為重點課題之一，而且，針對水產物、森林資源（紙 · 紙漿 · 木材）等排序在前面的項目，分別制定各自的採購方針。

如何確認永旺所採取的自然資本經營策略具有正確的方向性？ SDGs 與生物多樣性有關的項目很多，SDGs 可以做為確認的量尺標準。越來越多的 ESG 投資人希望企業以定量評估的方式，展現企業在自然資本經營上的作為。對企業來說，這也是一個提昇自我價值的大好良機。投資人傾向於能在資訊揭露中看到，以便做為參考。

非法漁業是全球性的課題，日本也需及早因應 Seafood Legacy

花岡和佳男社長、松井花衣

非法、未報告、不受規範（Illegal, unreported and unregulated，IUU）的捕魚行為，受到國際社會的矚目，成為全球焦點。根據英國帝國理工學院的調查指出，IUU 漁業佔全球總漁獲量的 13~31%，對守法漁民造成不公平競爭，使他們每年損失 1 兆 1100 億 ~2 兆 6100 億日圓。從事 IUU 行為之業者也經常發生奴工和童工之類損及人權的問題。

自 2010 年起，歐盟開始執行 IUU 規章，只要是想進口到歐盟的水產品，出口商就必須向歐盟當局提供原產國的官方捕魚證明，說明欲進口水產品的魚種、總量、資源管理狀況、相關法令遵守等等。若有違反無法於指定時間內改善者，將禁止該國所有水產、漁獲出口至歐盟。美國在前歐巴馬政權時代，為了杜絕 IUU 漁業行為的發生，預計自 2018 年 1 月開始實施單一數據窗口監測進口水產品計畫，要求進口商申報，涵蓋的水產品包括各種鮪魚、鱈魚以及鯛魚等高經濟價值的魚類。日本也在 2017 年 5 月承認簽署港口國措施協定（PSMA），打擊 IUU 漁業已成為國際間刻不容緩的行動。

就在國際共同打擊 IUU 捕撈行為時，產業界對防堵 IUU 水產品也越來越積極。2016 年 12 月，包括 Maruha Nichiro、日本水產在內，全球 8 大水產業者共同發表「為管理海洋資源所需的水產事業」宣言，表明制止和消除 IUU 漁業及奴工的決心。2017 年 6 月，極洋也加入了該倡議。

零售通路商則加強溯源機制的管理。不過，隨著溯源系統不斷數據化發展，以歐美來說就有很多套類似的管理系統，但並非所有系統的溯源資訊都可以互換，導致假貨出現、追踪難度大。目前最受矚目的是將比特幣交易所使用的區塊鏈應用在溯源上，供應鏈上繁雜的紀錄經過數據化、上鏈，可以讓流通過程更加公開透明，透過區塊鏈溯源平臺的單一管理，將能夠實現迅速且方便好用的溯源體系。

日本不僅是水產品的生產國，也是消費國，當全球的目光向亞洲靠攏時，身為水產大國的日本必須扮演永續漁業的領導角色。就在迎接2020東京奧運到來的現在，企業必須制定永續的水產品採購方針以及溯源系統。同時也希望與水產無關的企業、政府機關、員工餐廳和外食餐廳，也能改善與海鮮有關的菜單，以實際行動支持正在轉型的漁業生產者。

水資源

水資源——食品・飲料、製造業

掌握合作對象的水風險已成當務之急

整體動向

對企業來說，水資源是生產過程中不可欠缺的珍貴自然資源。由於全球人口成長，對用水的需求也隨之增加，今後面臨水資源不足威脅的地區將持續擴大。根據經濟合作暨發展組織（Organization for Economic Cooperation and Development，OECD）報告指出，預估全球的用水需求從 2000 年到 2050 年將增加 55％，其中，製造業的工業用水將成長 400％，發電所需用水將成長 140％，民生用水則增加 130％。到了 2050 年，將會有更多的河川流域面臨嚴重的缺水問題，居住在這些有缺水壓力地區的人數可能攀升至 39 億人。

■ CDP 水資源問卷調查對水風險的認識

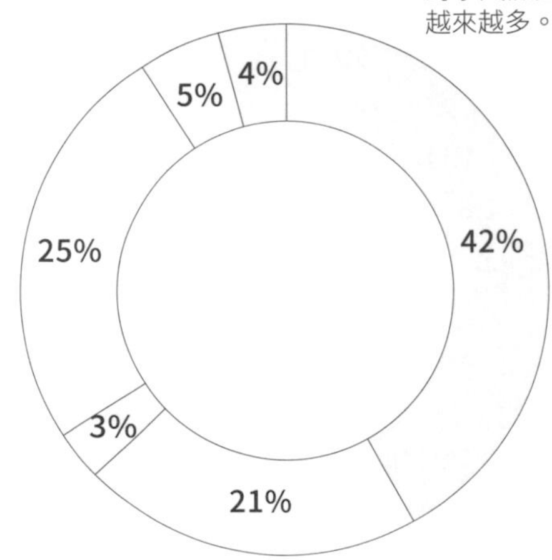

出處：2016 年度 CDP 水資源報告：日本版

■ 全球的用水需求預測

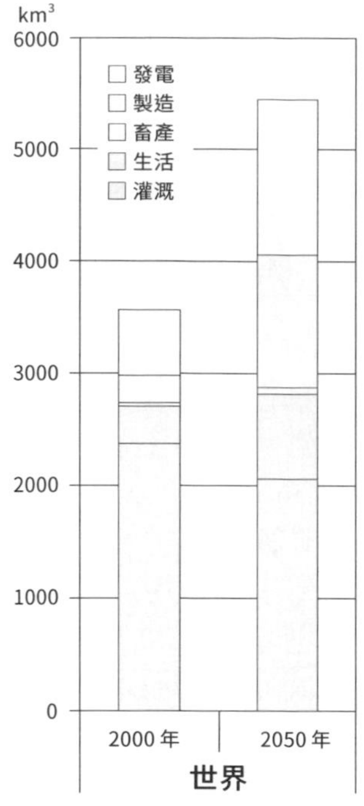

經濟合作暨發展組織（OECD）預估全球的用水需求從 2000 年到 2050 年將增加 55%。製造業用水將成長 400%，發電所需用水將成長 140%，民生用水則增加 130%。

出處：OECD Environmental Outlook to 2050

對企業來說，不僅是自身營運遭遇到水風險的議題而已，位於供應鏈上的下包工廠曝險的危險性也升高。供應鏈的水資源管理出現前所未有的重要性。

達沃斯會議上名列第一風險的「用水危機」

2015 年的世界經濟論壇，也就是所謂的達沃斯會議，將「用水危機」列為未來影響全球最鉅的風險第一名。

不少現象均顯示用水危機的存在。代表法人投資機構邀請企業回覆與水資源管理有關的「CDP 水資源專案」問卷，2016 年回覆問卷的 607 家企業當中，就有 164 家企業曾遭遇水的負面衝擊，財務影響總額高達 1 兆 7600 億日圓。單以日本企業來看，回覆 CDP 水資源問卷的 117 家日本企業當中，有高達 66%的比例曾因為「本身營運或供應鏈對水風險產生危機意識」。水資源風險成為經營上的一大課題。

投資人對企業的水資源管理也越來越重視，認同 CDP 水資源專案的法人投資機構，從 2013 年的 470 家增加到 2016 年的 643 家，管理總資產規模也從 50 兆美元擴大到 67 兆美元。「保障用水安全是氣候變遷調適對策的核心，具永續性的水資源管理正式落實 SDGs 目標 6 的方法。」CDP 指出水資源管理的重要性。

法人投資機構評比，日本 6 家企業上榜

企業因應水資源風險的對策大致有降低用水量、再生利用、水源涵養等方向。CDP 公布 2016 年全球企業裡水資源表現領先的 A 級公司，名單上有 6 家日本企業，分別是 SONY、豐田汽車、花王、麒麟控股、三得利食品國際以及三菱電機。

豐田汽車和花王也同時參與 CDP 供應鏈專案，由 CDP 秘書處發送問卷給其供應商，注力於供應鏈管理。

我們在天然橡膠章節裡提過，豐田汽車在 2016 年修訂了以供應商為對象的「綠色採購方針」，此次改版最大的變動之一就是要求供應商必須強化水資源管理，目前已有具體成果出現。根據 CDP 的回覆，豐田汽車在法國的生產據點 TMMF 也設定了非常具有挑展性的目標：「工業用水零採購」。TMMF 在 2014 年全年度對外購水的天數只有 12 天，獲得很高的評價。

三菱電機為了因應水資源風險，就供應商所在的位置及其財務健全性進行評估，採取多家共應、分散採購，以降低非預期的風險。驪住

■ 企業因應水資源風險及機會的作為案例

	因應水資源風險案例		開創水資源機會案例
麒麟控股	於澳洲的布利斯班工廠導入逆滲透膜過濾設備，將廢水回收再利用，每年節水 22.5 萬公噸。該設備也導入神戶工廠。	LIXIL（驪住）	為了改善肯亞都市區的用水環境，並保護當地的水資源，於當地推出專案推廣超節水型衛浴系統「Micro flash toilet system」，盼能夠為該國的社會議題貢獻己力。
佳能	進行洪水等天然災害的情境分析模擬，針對最壞狀況訂出因應策略，包括執行多個生產據點的整備計畫，以利相同機種採分散式生產。工廠移往高地，並掌握水庫的最新狀況。	三得利食品國際	三得利水科學研究所與地方上的大學等專家機構合作，進行有科學根據的水源涵養活動。從永續經營和市場開發的觀點來看，具有取得優先權的優勢。
三菱電機	利用供應鏈評估系統，就供應商的所在地點和財務狀況做評估。將災害發生時的緊急應變計畫，佈達給供應商。採取分散採購，以降低緊急狀況時的風險。嚴格控管風險較高的供應商的家數。	豐田汽車	其海外生產據點法國TMMF設定「車輛製程的工業用水零採購」的目標。TMMF也獲得具體的成果，2014 年全年度對外購水的天數僅 12 天。將各地區的水資源環境列入考量，致力於降低用水量，藉以提高競爭力，同時減緩水資源不足的壓力。

出處：CDP水資源專案報告 2016：日本版

（LIXIL）視風險為機會，在肯亞推出超節水型衛浴系統「Micro flash toilet system」，並開始推廣，盼能夠為該國的社會議題貢獻己力。這些因應水資源風險的對策以及化風險為機會的作為，皆獲得投資人的一致好評。

根據 OECD 的預測，從 2000 年到 2050 年，全球對水資源的需求量將增加 50%以上，CDP 也指出水資源的供需不平衡將對企業的營收造成影響。企業與全體供應鏈共同強化水資源管理，包括努力降低生產時的用水量、積極研發節水型商品、採取有效的涵養水源措施等，將有助於提升競爭力。

目前，歐洲正在制定用統一的方法來量化整個產品生命週期，究竟對自然環境帶來多少負面衝擊的「環境足跡」制度。該制度將按產品和業種分別訂定不同的生態足跡，「水足跡也有可能被納入評估。」東京都市大學的伊坪德宏教授指出。

所謂的水足跡是指以 ISO14046 為依據，計算單位產品從原料開採、生產、流通、使用、廢棄、回收等生命週期中各階段的用水量。跟碳足跡一樣，水足跡盤查是企業對外說明自身如何進行水資源管理的強力溝通工具。

企業重視水資源利用與積極實施有效的管理措施，不僅能夠穩固水資源這項支撐企業經營的重要原料、自然資本，還可以贏得的地區的信賴，更可向消費者展現自身為環境保育盡心力的態度。

麒麟和朝日進行自然資本定量評估

麒麟（KIRIN）集團為了了解包含原料供應商在內的供應鏈上游整體的水風險，著手進行水風險的定量評估計畫，評估對象包括全球 35 個主要的生產據點及其往來供應商。麒麟集團採用的是世界資源研究所（The World Resources Institute，WRI）研發名為「Aqueduct」的線上工具。

該項工具總共設定了水量、水質、法規・評判、洪水、枯水等 12 項關鍵指標進行綜合分析，以 5 種顏色在地圖上標識出不同等級的水資源風險分布，使用者只要輸入工廠的緯度和經度，即可看到該工廠所在流域及風險程度。除了利用這個工具以外，麒麟集團也同時採用世界企業永續發展協會（WBCSD）研發的 Global Water Tool（GWT），再加上公司自行量身訂做的方法為 35 個據點作分析評估。結果發現，位於澳洲的 3 個據點以及紐西蘭、巴西各 1 個據點，具有中度至高度的風險。

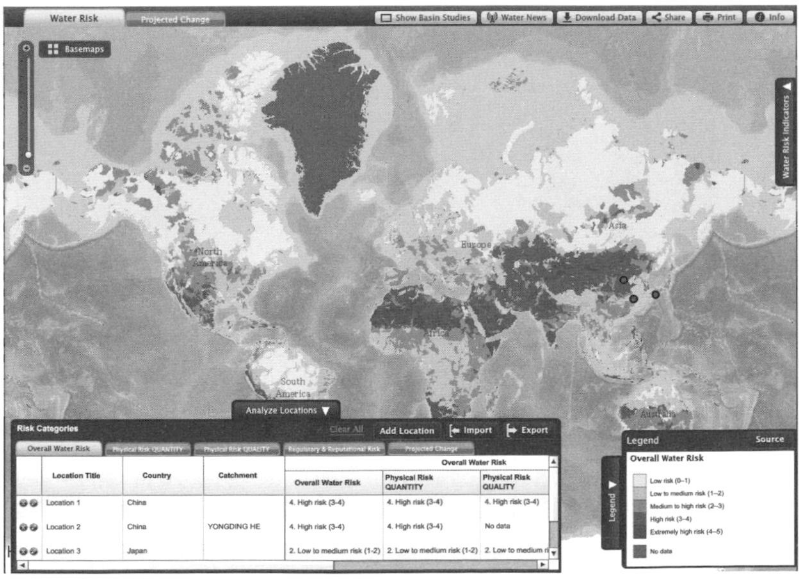

世界資源研究所（WRI）研發名的水風險評估工具——「Aqueduct」。只要輸入工廠的緯度和經度，即可顯示工廠所在的流域及 5 個不同等級的水資源。出處：WRI Aqueduct

另一方面，麒麟也利用「自然資本定量評估」量化供應鏈上游對環境造成多少負荷（如下圖）。評估結果得知，供應鏈的用水量是麒麟自身用水量的 7 倍，供應製造奶茶的澳洲牛奶及供應製造氣泡酒的美國液糖，其用水量最高。該評估結果與採購部門共享，並加以運用在供應商的風險管理上。

朝日集團控股為了掌握水資源風險，也進行製程中水環境負荷的定量評估。為來自全球 59 個地區的主要原料進行水足跡盤查，同時，也透過自然資本定量評估的方法將這些外部成本換算成金額，這些成本被視為使原料價格上升的原因，將對未來的經營成本造成影響，故朝日向供應商表明往來廠商必須優先擬定風險因應對策並落實執行。朝日本身則致力於提升水資源的利用效能，並且加速以再生水降低製程用水的研發工作。

日本可口可樂所有工廠皆「零用水量」

日本可口可樂提出「100％水回饋」計畫，承諾將用於工廠製程的水，

■ 麒麟各地區之主要事業所風險等級用水量

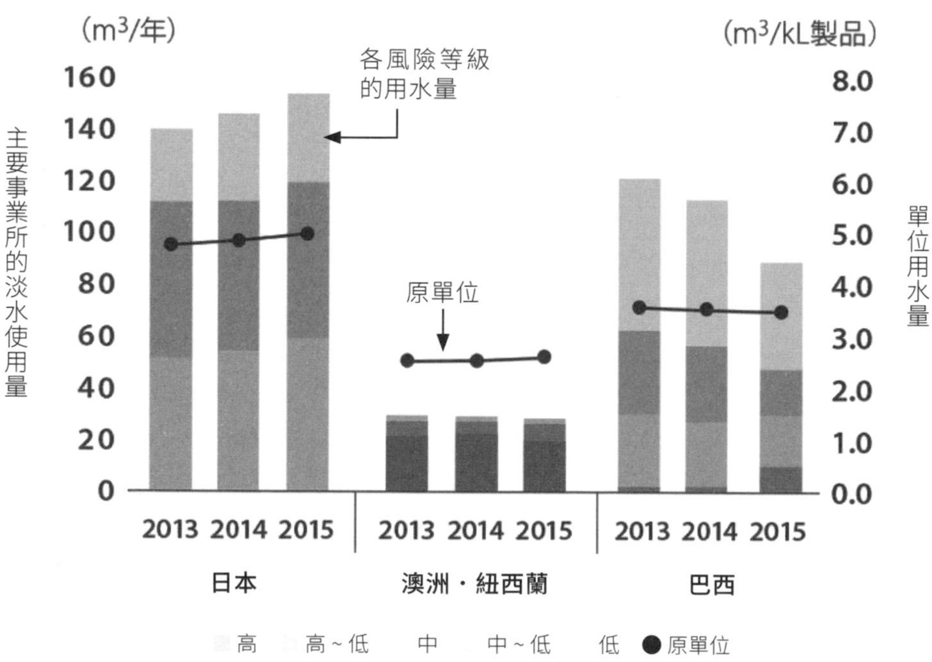

出處：引用自麒麟的官網

透過森林保育、水田涵養等方式等量回饋給地球，讓公司的實質用水量等於零，該計畫已取得大幅度的進展。可口可樂公司視水資源的永續利用為公司經營策略的核心課題之一，水回饋計畫原訂要在 2020 年實現，但在全球可口可樂系統的努力下，已經在 2016 年底達成目標，足足提前了 4 年。

為了實現水回饋計畫，除了從節省用水量的「Reduce（減量）」著手以外，透過水源涵養等方式增加水資源回饋給地球的「Replenish（補償）」更是關鍵。在節省用水方面，可口可樂在富山縣的礪波工廠等幾處工廠導入電子束殺菌設備，該設備能夠產生高能電子束，空氣在電子束輻照下產生臭氧，藉以殺滅有害細菌，導入以後，寶特瓶容器便不再使用藥劑和水進行殺菌，大幅削減洗瓶用水。

可口可樂旗下最尖端的工廠皆設有逆滲透膜設備，目的就是將洗淨用和加熱用的水回收再生，提高每一滴水的利用效能。導入多元節水設備的結果，2009 年時，每生產 1 公升飲料需使用 6.1 公升的水，到了 2013 年，每生產 1 公升飲料只消耗 4.6 公升的水，到了 2016 年更降至 3.97 公升的用水量。

在回饋補償方面，可口可樂鎖定工廠所在地區的水源區域，與地方政府和森林組織團體等合作，推動森林保育、涵養水源等工作。每家工廠都會因地制宜，規劃自身的水資源補償計畫，北海道的工廠在札幌市的白旗山植樹，岐阜縣的工廠參與惠那市的森林、梯田復育計畫等等，可口可樂透過各種方式在各地展開水源涵養的活動。「100％水回

日本可口可樂位於富山縣的礪波工廠，為專門生產「I LOHAS」等系列商品的產線，乃全球第一家導入電子束殺菌設備的可口可樂工廠。與傳統使用藥劑和水進行寶特瓶容器清洗的殺菌方式相比，大幅減少用水量。出處：藤田香

饋」計畫便是經由這些活動提前達前。

三得利重新定義「水理念」

「與水共生『SUNTORY』」是三得利的品牌標語。矢志要蓋出一流的、與環境共融的生態工廠的三得利，在2017年的春天重新定義了「水理念」。這個理念就是旗下擁有超過300家關係企業的三得利集團，全體員工在相同的理念下共同推進水資源保護活動的理念。三得利同時也將水資源定位為「對集團而言，是最重要的原料，也是最珍貴的共有資源」。

針對水資源的管理方式，三得利採取了以下各種積極的措施，包括以科學的方法調查事業所使用的水源流域和循環、促進水資源的3R活動，藉以減輕對環境的衝擊、保護水源、參與及支援地方的社群活動，以使水資源得以永續利用。

三得利為了以科學的方法查明森林裡的雨水究竟循何途徑流入地下，變成地下水，特地與水文學的專家學者共同展開調查，而且，也和森林、植物和水田涵養等專家合作訂定計畫，使地方上的森林完備。森林完備的成效也已經經由「天然水之森」逐漸展現。三得利承諾全國的工廠抽取多少地下水上來，就要涵育多少地下水回去。2013年，天然水之森的面積已經擴大到了7600公頃，正是超過目標值。三得利並不以此自滿，隔年又訂了一個「天然水之森」面積擴大兩倍的新目標1萬2000公頃，並且要在2020年以前實現。

擴大森林的面積並不是要到他處另起爐灶闢地種樹，而是在現在的天然水之森的周邊向外擴，如此一來不但可以增加生物多樣性，而且還能夠創建出一個足以抵擋外部激烈變動環境化的區域。促進林業再生、活化地區等效果也值得期待。目前，全國已有14個都府縣都有三得利的天然水之森，共有20座，總面積達9000公頃。

天然水之森也是三得利向民眾推廣環境教育以及人才育成的場所。三得利除了提供適合小朋友的教育課程以外，自2014年開始，也以全集團6000名員工為對象，實施森林整備研修教育訓練，至今已經是第三年，潛移默化當中，員工的觀念也慢慢地改變了。

SONY 半導體利用水田涵養地下水

SONY 集團旗下從事半導體相關業務和服務的 Sony Semiconductor Manufacturing 熊本技術中心，在熊本縣進行十分特別的水資源補償活動，那就是涵養地下水。製造半導體時，需要耗用大量的地下水，熊本技術從 2003 年開始與當地的環保團體合作，展開地下水源涵養計畫，熊本技術製程上使用多少地下水，他們就涵養多少地下水。

熊本市周邊原本就是地下水的寶庫，蘊藏的水量充沛豐富，無論是飲料用水或工業用水皆取自地下水。不過，受到稻米減產政策和都市開發的影響，導致地下水水量降低。熊本技術深刻體認地下水是支撐其事業活動的重要自然資本，遂與 NGO 團體「熊本環境網路」以及當地的協議會合作，展開引水灌溉鄰近水田的地下水源涵養計畫，於插秧前或收割後，將河川逕流水引入水田，藉由水田的滲漏補注地下水。該地下水源涵養計畫所需的一切費用，皆由 Sony 負擔。

計畫自 2003 開始至今，未曾中斷。以 2015 年度來說，熊本技術的水田地下水補注量就達 238 公噸，超過其年度用水量的 222 公噸。此一成果除歸功於地方行政和 NGO 團體的協助外，也仰仗當地農家的幫助。

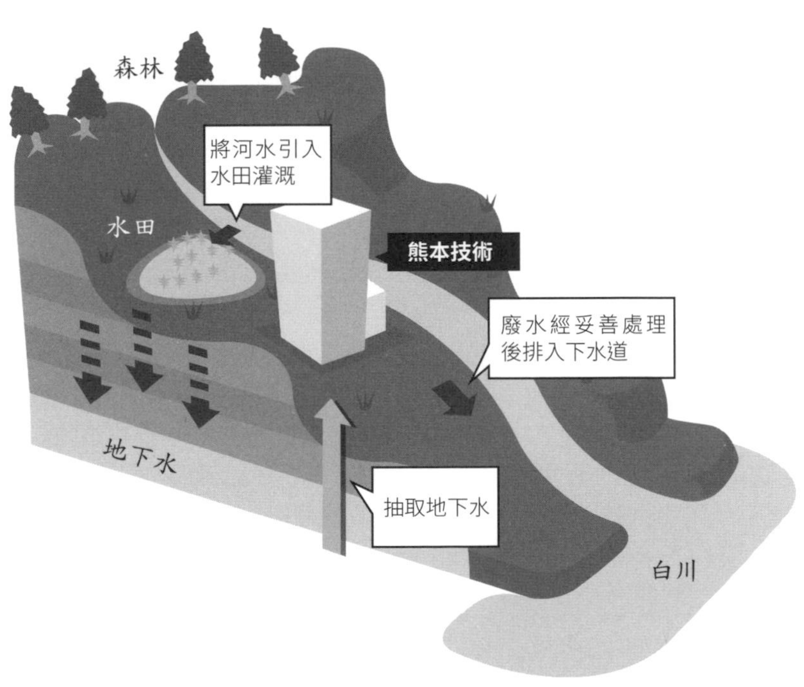

出處：引用自 SONY 官網

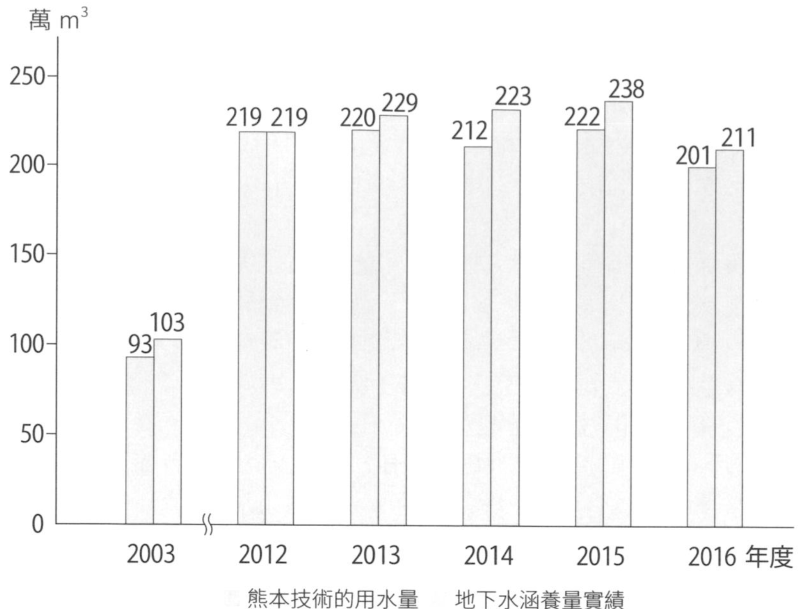

SONY 的熊本技術引水灌溉水田，藉以涵養地下水，有效地補注地下水。該涵養量已經超過工廠的用水量。出處：引用自 Sony 官網

人類從生態系統獲得各式各樣的利益，以現金或實物直接支付該利益的活動，稱為生態系統服務功能補償（PES）。PES 被視為保育自然資本以及生物多樣性的工具之一。SONY 的地下水源涵養計畫和朝日啤酒推行的消費者買一罐啤酒，朝日就捐出一元作為環境生態復育之用，都是很有名、同時也是對環境保護有所貢獻的 PES 活動。作為熊本技術涵養地下水之用的水田，其上也種植稻米，稻米收割後由 SONY 員工認購，熊本技術中心期待地下水源涵養計畫既能保護地下水資源，同時也能做在地農家的後援，為地方、社區做出貢獻。

SONY 在 2010 年發表「Road to Zero」長期環境計畫，攜手供應鏈達成全球事業版圖環境零負荷的目標。為達成目標，Sony 同時也制定到 2020 年的環境中期目標「Green Management 2020」，該目標除了減少二氧化碳的排放量、廢棄物的產生量之外，還涵括了用水量的削減、要求原料・零件供應商提出回應生物多樣性的作為等等。對中期目標中水資源項目的落實來說，熊本技術在涵養地下水源上的成效，將成為達標的最大助力。

都市

都市綠化——不動產・土地開發

結合生態系統串連成生態網路，為城市添活力

整體動向

最近幾年，東京車站的周邊可說是改頭換面，綠地變多了，隨處都有小歇休憩的開放空間，充滿時尚感的特色店家也隨之紛紛進駐。來自國內外的觀光客穿梭在東京街頭，整個城市充滿了活力。綠地被廣泛地運用在建築物的空間和場景當中，一個接一個的屋頂花園和牆面綠化案例，為都市建構出多采多姿的綠網。綠地不僅活化了市街，還提高了不動產的價值，更是另一個為企業帶來機會的自然資本。

頂級酒店「安縵」落腳東京的意涵

位於金融商業中心的「大手町之森」，是一處重現潛在原生植披，廣植 200 株樹木，結合自然環境創造出來的森林，如今已經成為民眾休閒的好去處。會讓該處形成富含生物多樣性的生態森林空間的推手，當屬一向只在自然環境豐富的度假區設立據點的全球頂級酒店「Aman（安縵）」決定落腳東京。

面對皇居的大手町 Park Building，透過空間整備，於 2017 年 1 月完成並開放「Hotolia 廣場」。這座綠地公園以雜木林和水岸相互串聯，更與皇居的外堀（護城河）融合成一體。

如果把目光轉向八重洲方面的話，可以看到日本橋室町的福德神社旁也出現了一片綠意「福德之森」。福德之森廣植雜木林和山野草，為兼顧文化與歷史，設有茶屋及供奉藥神的神社，為都市提供綠地景觀。

環境綠化並不是只出現在東京車站周邊而已，位於郊區的二子玉川的都市更新計畫「二子玉川 RISE」十分具代表性。該計畫集商辦、飯店等設施於一體，串聯多摩川、等等力溪谷，保存了完整的綠地與自然風貌，也重現以建構生態系統為目標的植生地景。

看中「大手町之森」的頂級酒店「安縵」，進駐東京。森林裡也設了咖啡座。大手町之森為繁忙的商業中心區偷得一份悠閒。出處：藤田香

為了深化與當地居民的連結，該計畫還設置了可供親身體驗農耕與收穫的屋頂菜園。由於在城市系統中妥善考量到對生物多樣性的保護，使得該計畫獲得日本生態系統協會生物多樣性 JHEP 認證的最高等級（AAA），同時也榮獲美國綠建築協會環境認證「LEED 認證」城鎮建設部門全球第一個黃金級認證。

創建與自然共生的城市，不僅是為了構築都市裡的生態網，增加生物多樣性，同時輔以自然、文化、歷史和農業體驗等，還能加深人與人之間的交流，都市的面貌也因此多元多變，此外更能獲得品牌力的附加價值。

為了提高東京都整體的附加價值，土地開發業者也開始攜手合作。政府、東京都加上千代田區，與三菱地所、三井不動產、森大廈（Mori Building）、東京建物、三井住友海上火災等企業，3 年前開始展開官民合作，共同建構東京的生態網，至今仍然定期舉行會議進行討論、溝通，其目的就是為了提升東京的城市力。每一棟大樓、每一塊街區雖然各自採取綠化的措施，但在該措施付諸行動之前，就必須先從整體東京的角度下去作考量，如此才能有優質的綠化績效。原本在各個街區各自使用的生物監測軟體，也開始成為全體共用的工具。各公司取得的生物情報都會儲存在雲端。東京，正在透過本次奧運蛻變成與自然共存、充滿魅力的都市，而且將成為奧運遺產傳承給未來。

三菱地所著手解決社會課題，淨化護城河水質

在東京都大手町丸之內、有樂町地區擁有多筆土地的三菱地所，喜不自勝地表示：「以前，這地區一到周末就像鬼城一樣，現在完全不一樣了，商店變多、綠地變多，整個地區也搖身一變成為人氣觀光景點了。」根據三菱地所的調查，丸之內、有樂町的店舖數量，在 1997 年時是 300 家，現在是 900 家，足足增加了 3 倍之多。

不只店舖數量增加，來客數也大幅提升，單就星期日一天的來客量統計，從 2002 年的 2 萬 400 人攀升到 2015 年的 5 萬 7100 人，成長了 2.8 倍。吸引人群前來的原因之一，不外乎這裡所擁有的豐富自然。三菱地所不斷提升綠色建設，包括綠意盎然的市街和綠地闢建。位在丸之內 Park Building 和三菱一號館廣場上高 9 米的圓柱柱面綠化，已成觀光客慕名前來的遊憩景點。

2017 年 1 月完成的大手町 Park Building 附設「Hotoria 廣場」，以雜木林、水岸的設計與皇居的自然景觀連為一體，廣植蜜源植物和誘鳥樹種，吸引蝴蝶、鳥類前來覓食，形成充滿生物多樣性的綠化空間。三菱地所抽取護城河的水加以淨化後再放流回護城河，雖然民眾看不見，卻是一點兒也不馬虎。三菱地所視淨化護城河的水質為解決社會議題的策略之一，遂以企業的身份首度導入外堀的淨化設施，年度淨化量為 50 萬噸，為了防止水位低下，在大樓的下方特地設置了一個蓄水量高達 3000 噸的巨大儲水池，必要時可隨時進行補注。

2016 年在銀座蜜蜂計畫的協助下，三菱地所也開始利用丸之內一帶的大樓屋頂，展開飼養蜜蜂的「丸之內蜂蜜專案」，分別在丸大廈和工業俱樂部會館的屋頂各架設了 3 個和 6 個蜂箱，每年 3~8 月為蜂蜜採收時期，蜂群往返皇居四周的綠地採蜜，採集後的花蜜則在丸之內店鋪內銷售。「我們希望透過這各計畫能夠和大樓的住戶及屋主有更緊密的關係，同時跟丸之內的居民有所連結。」三菱地所開放創新推進室的溝口修史說道。「都市更新的主角是在大樓裡工作的民眾，他們才有選擇權，綠化則是被選出來的項目之一，綠化空間可以作為人與人聚會及交流的場所。展望 2020 年 ~2025 年，地產開發的差異化將展現在綠化和生物多樣性上。」

■ 考量生態多樣性的綠地逐漸在都心區擴大

由東京建物及大成建設共同打造的「大手町之森」，重現潛在自然植披，按植株疏密、樹齡，混植 200 株的常綠樹木和落葉樹（左圖）。三菱地所的「Hotoria 廣場」（下圖），以雜木林和水岸的設計與皇居的自然景觀連為一體。出處：藤田香（左）、三菱地所（下）

森大廈將綠化從「綠化量」轉為「綠化品質」

說到東京的都市綠化，率先走在前頭者，非森大廈莫屬。森大廈營運的六本木之丘等以丘（hills）為名的主要設施，全體綠覆面積已經從 1990 年的 1.2 公頃擴增到 2017 年的 9.3 公頃。綠覆率在 1990 年時為 23.3%，到了 2016 年已經提高到 37.2%。隨著綠化量的增加，也帶給東京街頭一片生機盎然。

原本將綠化重點擺在數量的森大廈，自 2011 年起，將重點從「量」轉移到「質」。這是因為他們想透過含有豐富生物多樣性的綠化提高城市的附加價值。「不動產這塊餅就這麼大了，現在是一個只能靠高品質的綠化提高競爭力的時代。」森大廈的森浩生副社長做了如此的主張。

森大廈將綠化由量帶往質的代表作，首推位於東京都港區的「ARK HILLS 仙石山森之塔」。該案依據經調查的原生植物資料進行植栽綠化，重建從高木至低木層次分明的生態系。啄木鳥是很好的生物多樣性的指標，為了吸引啄木鳥前來棲息，特地設置了 40 棵枯木。該案也以多樣化的生態系再生獲日本生態系協會 JHEP 最高評價「AAA」認證。

■ 主要都市更新案的綠覆面積及綠覆率

出處：日經 ESG 依森大廈的數據製作

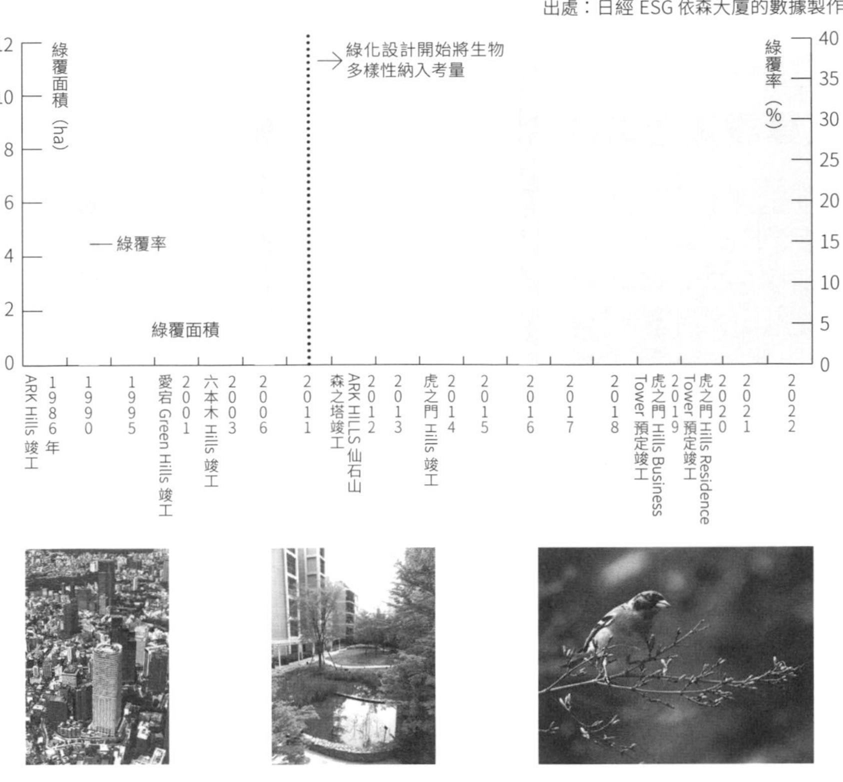

出處：森大廈

將生物多樣性列入考量的建築物，不僅能夠提高不動產本身的價值，對在建築物裡面工作的人們來說，也會感到愉悅舒暢。森大廈與積水房屋、三井住友信託銀行曾經共同實施一份針對上班族的問卷調查，對於「綠化可以使人放鬆，提高工作效率」一題的回答，很多人都勾選同意。尤其是外商公司對於綠化都給予很高的評價。實際上，也確實有歐美公司回答之所以選擇進駐 ARK HILLS 仙石山森之塔的理由，是因為「綠化品質」。

根據獨立組織、日本的智庫──森紀念財團所發布的 2016 年度「全球實力城市指數」報告，東京名列第三。這份報告綜合評估全球 42 個主要城市在經濟、文化交流、環境、研究發展、宜居和交通便利等 6 大領域的表現。6 大領域共有 70 項指標，合計各指標項目的得分估算排名。東京在經濟領域的表現排名第一、宜居領域排在第 6 名，但環境領域卻是第 12 名，是 6 大領域中表現最不理想的部分。就環境領域各指標項目的得分來看，已知在「使用再生能源的比例」和「都心區的綠覆狀況」這兩項的得分最低。東京的城市價值仍然有進步的空間，就該報告來看，需要更加提升綠化的質與量，而這當中包含了生物多樣性的考量。

大成建設透過工具為開發案進行植被規劃

由東京建物主導開發的大手町 TOWER 重現原生植被佔地 3600 平方米的「大手町之森」。這一處與大成建設共同創建的人造森林，交雜混種了各種樹齡的常綠喬木、落葉喬木，總計有 200 棵之多，無縫融入繁忙的金融商業街區，為都市提供一方休憩去處。

如同本節一開始介紹，大手町 TOWER 最上面的六層樓是頂級酒店品牌安縵的進駐區，安縵一向只在大自然豐富的度假區開設酒店，這一次卻選擇在東京落腳。從安縵的大廳俯瞰，皇居和周邊的蓊鬱綠意立刻映入眼簾。客房的內裝一律採用國產的水曲柳、栗木、檜木等，明明是在東京鬧區，卻讓人有置身在大自然當中的錯覺。這一片綠化成果就是吸引頂級酒店落腳的原言，可說是不言可喻。

設計大手町之森的大成建設，於 2017 年 7 月發表「森 Concierge（森守門人）」應用軟體，該軟體結合大成建設長年累積的豐富技術，針對地區植被規畫而開發。對地產開發案來說，想要知道該開發對象土地的原生植物有哪些？基本上是件非常困難的事，有鑑於此，大成建設按地區將該地區從裸地到長成蓊鬱森林需要那些樹種、什麼樣的植被，予以數據化。只要在該軟體上輸入開發對象土地的地址，程式即會跑出提升該區域生物多樣性的最佳植物構成要素建議案。

迎接 2020 年東京奧運的到來，該如何增加生物多樣性和生態網，才能使城市變程具舒適感、永續性的宜居城市，考驗著開發業者和統包商的智慧。

■ 東京在全球 42 個主要城市中的綜合排名（順位）

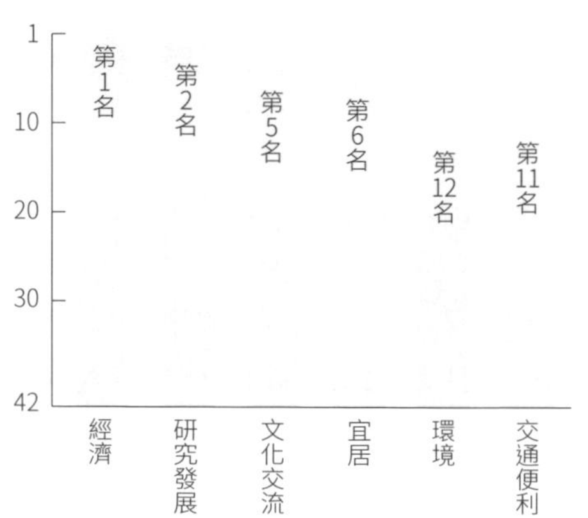

出處：森紀念財團都市戰略研究所「全球實力城市指數」（2016年）

甫於 2017 年 4 月開幕的「GINZA SIX」是森大廈參與的都更計畫案之一。GINZA SIX 擁有東京．銀座地區最大的屋頂花園，佔地 4000 平方米，綠地面積更高達 2200 平方米。

正因為是市中心，更需要借「綠」活化

森　浩生
森大廈 取締役副社長 執行董事

照相：森大廈

森大廈參考了於2017年四月開幕的「CINZA SIX」開發案。在東京銀座等地區的屋頂上整建了約4000平方公尺的庭園，新創出3萬2200平方公尺的綠地。

「環境與綠」是我們建造都市的使命之一。「立體綠園都市」是本公司建造都市的核心理念，讓人們的生活集中在高層建築，把空地用來蓋學校和辦公室，落實「職住銜接（譯註：住處靠近工作地方）」。透過土地的高度利用創造出來的空間，實現人與綠共存的社會生態系統。

自從1986年ARK Hills（東京港區）竣工以來，提升都市的綠覆率成為王道。結果，降低了熱島效應，顯見綠地的降溫效果。透過不同種類的生物的存在，提高綠地品質。從2012年竣工的ARK Hills仙石山森之塔（東京港區）以後，綠化的重點不再只看數量，轉而著重在品質。該地區原本應該看到哪些植物，便種植那些植物，原生植物之外，也設置枯木，作為啄木鳥等生物的棲息處。

森大廈也積極規劃各種活動，讓綠地具有交流和學習的機能。六本木之丘闢建田園，成為自然和農業教育的學習場所，進駐的公司行號也不吝給予本公司對環境、綠化、社會貢獻良多的評價。

把都市的機能規劃得更健全，讓各種交流隨處發生，都市的魅力也隨之提高，然後吸引人們來這兒工作、來這兒居住、來這兒購物，都市的價值也就更上一層樓，結果，對租金和營業額的增加都有幫助。

身處在不動產市場已無法在擴大的時代，究竟要靠什麼來維持競爭力？高品質的綠化將是製造差異化的重點。雖然身在都心，但一樣有隨處可聽到鳥叫蟲鳴的豐富綠色空間，必然能夠提高都市的競爭力。隨著2020東京奧運的到來，透過綠化提高城市價值的機運會越來越高。

雨林

棕櫚油——農業・食品・化學品

確保透明、可追溯到農園的供應鏈是當務之急

整體動向

棕櫚油是全球消費量最大的植物油，它被廣泛使用在食品，常被加工成食用油、製作洋芋片等食品的煎炸油、生產巧克力和餅乾等食品的專用油脂等。棕櫚油也被應用在工業方面，從清潔用品的介面活性劑到化妝品的基礎原料等化工類產品，都有它的蹤跡。2004~05 年度全球棕櫚油產量 3759 萬噸，隨著需求的擴大，全球 2014~15 年度棕櫚油產量增加了 1.6 倍至 6206 萬噸（日本植物油協會）。

受到產量增加的影響，棕櫚油的主要產地—馬來西亞和印尼的加里曼丹島，生產者為了種植油棕大肆摧毀熱帶雨林，導致婆羅洲侏儒象及紅毛猩猩的棲息地銳減，嚴重破壞生物多樣性。

為了促進棕櫚油的永續生產與利用，2004 年，世界自然基金會（WWF）

加里曼丹島上呈幾何圖形連綿不斷的棕櫚樹園，這些土地原本都是熱帶原始雨林。
照片：山口大志

與其他團體、組織等共同成立了「棕櫚油永續發展圓桌會議組織（RSPO）」，呼籲油棕樹的種植農家、加工製油企業、貿易商、零售商等永續利用棕櫚油。2008 年開始推行 RSPO 認證制度。認證標準涵蓋棕櫚油永續生產的原則及標準，包括對環境和生物多樣性的保育以及對勞工、社區的權益考量。自從 RSPO 的原則及標準公布之後，企業在認證上取得可觀的成果。

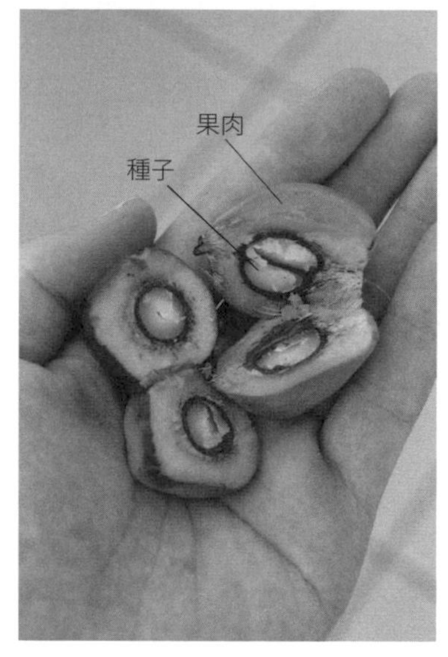

油棕樹的果實。棕櫚油由橘色的果肉榨取而得，棕櫚核仁油則來自白色的核仁種子。
照片：山口大志

認證制度大約實施了 10 年的時間，海外的相關認證產品可說是目不暇給，相對於此，日本顯得消極。在日本通過 RSPO 認證者，主要是製造清潔劑等日用品的廠商，棕櫚油使用量佔 8 成的食品業者對於認證一事並不積極。

就在日本裹足不前的期間，歐美正掀起棕櫚油永續利用的承諾，無論是國家還是產業界紛紛發表宣言。歐盟在 2015 年發表計畫，宣布歐盟所使用的棕櫚油到 2020 將 100％替換成經過認證的永續棕櫚油。法國的產業界承諾 2020 年以後，不再使用以毀損雨林、破壞泥炭地的未經認證的棕櫚油，同時確保溯源透明。中國等亞洲各國也急起跟進。

資源有限，日本企業起步已晚

由全球食品、零售業者組成的跨國際團體全球消費品論壇（Consumer Goods Forum，CGF）也對棕櫚油做出明確的方針。這一個平臺有大約 70 國家、400 家的企業參與，成員包括美國沃爾瑪等零售業者和瑞士雀巢、英荷聯合利華等大型食品業者，其所代表的總營業額高達 3.5 兆美元。論壇的董事局大會召開時，各企業的經營階層皆會出席就消費品和零售行業的相關議題進行討論，共同決定未來的方向。

2010 年，CGF 董事局承諾將促使所有成員都能進行具永續性的棕櫚油採購，並在 2020 年前「實現零毀林」。亦即要求加入 CGF 的企業成員在生產及利用棕櫚油或大豆時，必須停止對天然林的採伐，並不為其帶來負擔，以達成「森林零破壞」的目標。

■ 全球消費品論壇與永續相關的決議

決議

◎到 2020 年實現森林零破壞
◎到 2025 年食品廢棄物的數量減半
◎階段性禁用 HFC 冷媒

主要的支援工具

◎永續棕櫚油的採購指南
◎永續大豆的採購指南

出處：日經 ESG

不過，很多日本企業的做法與這個決議是背道而馳的，其結果就是即使想要採購取得認證的棕櫚油，不是落入貨源不穩定的困境，就是陷入價格難以交涉的苦戰。「取得認證的棕櫚油都已經被各國的企業簽下供應約了，具永續性的棕櫚油很難流入日本市場。這種狀況再不思改變，日本會被全世界批評不永續，恐有招致企業價值減損的風險。」走在前面的企業都出現了諸如此類的危機感。

因此，部分先進的企業向綠色採購網路組織（GPN）、WWF 日本分會尋求協助，共同研討如何在日本國內推廣永續棕櫚油的對策。2016 年 3 月出版「永續棕櫚油的採購指導綱要」，以深入淺出的文字說明棕櫚油之所以成為全球議題的背景、歐美各國的宣言、企業優良案例介紹、具永續性棕櫚油的選用方法以及採購時應注意事項等。GPN 總共有 2400 位成員，食品相關業者也有 50~60 家加入，「食品業者都有永

味之素的西井孝銘社長和花王的澤田道隆社長出席 2016 年度的 CGF 董事局大會。兩大企業皆已經採用取得認證的棕櫚油，也期待認證棕櫚油在日本市場的使用能夠擴大規模。右圖為棕櫚油的採購指導綱要。出處：藤田香、日經 ESG

續的危機感，希望能快點步上使用認證棕櫚油的正軌。」（GPN 的金子貴代）同年 4 月，由 CGF 日本總會分發該指導綱要供日本企業參考、應用。

接著在 2017 年 2 月時，政府將「浴廁用肥皂如使用植物油脂原料，該油脂須為永續性的原料」的相關規定，列入綠色採購法的注意事項當中。對於棕櫚油的永續性考量要求，也擴及在公司廚廁等處放置肥皂供員工使用的一般企業。

CGF 董事局大會的永續長伊格納西奧・加比朗針對如何因應棕櫚油問題，建議了以下的步驟。「首先，企業應該將森林零破壞列入企業的經營管理方針，確實掌握棕櫚油的供應資訊，例如由哪一家廠商供應？由誰製造？第一步要先確定所採購的棕櫚油跟伐林濫墾沒有關係。接下來便是努力設法採購認證棕櫚油。」資源有限，對起步比歐美國家晚的日本來說，要做的不是觀望、再等待，而是「All Japan」一起努力促進棕櫚油永續利用。

亞洲第一家發表「森林零破壞」的企業──花王

先進企業當中，第一家率先起跑的企業就是花王。花王最早加入棕櫚油永續發展圓桌會議組織（RSPO），旗下位在茨城縣神栖市的鹿島工廠已經取得「RSPO 供應鏈認證」，代表產品的生產・加工・販售使用的是經過認證的永續棕櫚油，並且於 2012 年完成生產體制的整備。該工廠每年使用 2000 噸的棕櫚油，為食用油脂產線，其所生產的油脂專供麵包、蛋糕等糕點使用。

花王對世界趨勢的回應十分快速。2014 年修訂「原物料採購指南」，公開表示：「事業乃依賴自然資源得以成立，關於棕櫚油和紙類等原物料的採購，花王支持產地森林零破壞」。花王也因此成為亞洲第一個宣示「森林零破壞」的企業。花王也據此分別制定棕櫚油和紙類・紙漿的永續性採購指南。

在棕櫚油部分，花王不只是採用 RSPO 認證的棕櫚油而已，花王同時承諾其所採購的棕櫚油皆能夠追溯至原始種植園，而且，其所採購的棕櫚油在生產過程中，皆沒有破壞原始森林及開墾泥炭沼澤地的情事。

■ 花王的「永續棕櫚油採購指南」

出處：花王

在棕櫚油採購上，考量生物多樣性，並且支持森林零破壞。

至 2020 年的目標

- 確認產地的森林零破壞。不助長會破壞高保護價值森林、高碳儲量森林、泥炭沼澤地的行為。
- 只採購考量永續性、可溯源至農園的棕櫚油。
- 以集團旗下所有工廠皆取得 RSPO 供應鏈認證為目標，採購的棕櫚油都能實現源頭可追溯的供應鏈。

行動方針

- 確認農園和供應鏈皆與 RSPO 的原則和標準一致。
- 確認產地的森林零破壞。
- 確保產地溯源。
- 與農園、供應商等企業的股東合作。如有違反時，採取包含監督在內的適當作為。
- 利用官網和永續報告書說明目標的達成進度。

RSPO 有 4 種認證模型：

一、「完全隔離」模型，亦即經認證的永續棕櫚油在整個供應鏈中，一直與其他未經認證的一般棕櫚油區隔，且該棕櫚油可以追溯到某一個認證源頭。

二、認證與非認證「隔離」模型：經認證的永續棕櫚油和未經認證的一般棕櫚油，在整個供應鏈中都是被區隔的，但這些經認證的棕櫚油分別來自於好幾個不同的認證源頭。

三、「Mass Balance」認證與非認證混合模型：經認證的永續棕櫚油和未經認證的一般棕櫚油，在整個供應鏈中是混合在一起的，但混合的比例會標示在最終產品上。

四、「認購與聲明綠色棕櫚（Book and Claim，Green Palm）供應模型：將 RSPO 認證農園的環境價值以憑證的方式發行，使用棕櫚油的廠商只要購買該綠色棕櫚憑證，就可以在最終產品上貼上認證生態標章。

認購與聲明的供應模型類似綠色電力的交易模式，只要購入認證憑證，就可以使用認證標章。相對於這個模式，其他模式供應的油脂必須有相應的設備和管理，以確保認證棕櫚油不會混入非認證棕櫚油，因此，需要有較多的資金投入和人力成本。

花王鹿島工廠的認證模式有「認證與非認證隔離模型」和「Mass Balance 認證與非認證混合模型」兩種。花王之前也從綠色棕櫚的模型開始，以購買憑證的方式支持永續棕櫚油，不過，「鑒於歐洲傾向於使用認證棕櫚油，單只是購買憑證不足以應付市場需求，必須採取進一步的措施，所以鹿島工廠展開認證計畫。」原物料部長松瀨高志說。

跟非認證品比起來，認證棕櫚油的價格高，數量也有限。「消費者很難接受漲價的事情。棕櫚油是全球消費量最大的植物油，對生物多樣性和永續性的影響非常大，身為一個產品製造商，說什麼也得設法吸收成本。」松瀨用充滿堅定的語氣說道。

就棕櫚油的採購來說，最近變得越來越難確保農家源頭。這是因為油棕樹的果實並非由單一農家供應，榨油工廠裡的油棕果總是來自好幾個農家。

■ 花王正在實施的棕櫚園源頭溯源

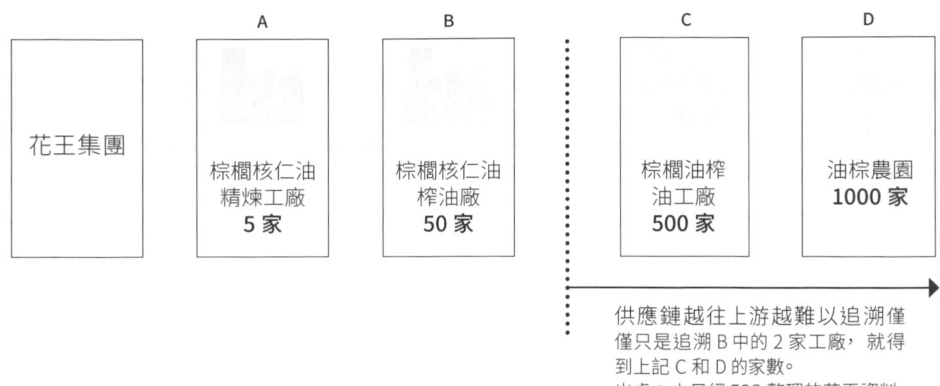

供應鏈越往上游越難以追溯僅僅只是追溯 B 中的 2 家工廠，就得到上記 C 和 D 的家數。
出處：由日經 ESG 整理的花王資料

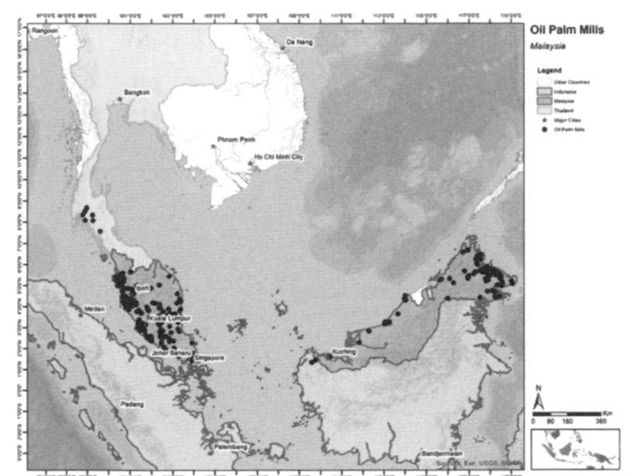

花王從 A 展開調查，找出 B，最近透過問卷調查已經向上游追溯到 C。將 C 的榨油據點標記在左邊的地圖上，再與衛星的天然林採伐影像套疊在一起，藉此找出高風險的工廠。

出處：Daemeter Consulting

油棕果在榨油工廠裡被分離成果肉和種子，榨取自果肉部分的油就是「棕櫚油」。分離出來的種子則運往其他工廠，榨取「棕櫚核仁油」。花王的介面活性劑等所使用的油脂為棕櫚核仁油，由於棕櫚核仁的出油量少，榨油工廠只好從各個地區、各式各樣的農園收購種子，因此，想要溯源到最前端的農園，精準地執行追蹤追溯，實際上非常的困難，但為了能夠確保其採購的棕櫚油來源不涉及環境破壞及人權迫害，花王深感溯源查廠的重要與必要。

透過衛星追蹤展示對溯源的堅持

類似花王這種大型的清潔用品製造廠，想要所有的製程完全使用認證棕櫚油有一定的難度。目前，花王有 4 成的原料採用認證品，其他的則是使用非認證品。花王為了嚴格把關棕櫚油的來源，透過科技追溯到源頭農家的橡膠園。

花王先就供應商展開調查，向上游追溯到大約 50 家棕櫚核仁油的榨油廠，繼續往核仁油榨油廠的上游追溯，遇到了相當大的瓶頸，單單只是調查其中 2 間榨油廠的原料提供者，就發現有 500 處棕櫚油的榨油工廠都將種子送到核仁油榨油廠加工，而透過各種方式將作物賣給這 2 間棕櫚油榨油工廠的油棕種植者就超過 1000 家農園。

花王寄送問卷給合作往來的供應商，從他們的回覆裡頭成功的找出 500 家棕櫚油榨油工廠，花王為了能夠有效地瞭解這些工廠的上游源頭的狀態，於是向國際 NGO 組織雨林聯盟（RA）尋求協助。通常，油棕種植農園都位在棕櫚油榨油工廠半徑 50 公里以內的地區，花王先在地圖上標記出這 500 家榨油工廠，再以各個工廠為中心，分別畫出半徑 50 公里的圓圈，接著借助雨林聯盟的衛星資料庫。保護區內哪裡有火耕燒林、濫墾濫伐的痕跡，在雨林聯盟的資料庫內皆有紀錄。

將地圖和衛星影像套疊在一起，藉此找出圓圈內有火耕燒林、濫墾濫伐痕跡的棕櫚油榨油工廠。針對被標示出來的高風險榨油工廠，花王採取直接監督、確認的因應措施。「透過這個方法，我們希望在 2020 年以前，能夠達成追溯到所有油棕農園的目標。」採購部門最高負責人暨執行董事——田中秀輝讓我們看到花王對溯源的堅持。

話說回來，上述這套機制只能掌控到棕櫚油在環境面向的風險，至於勞動和人權方面的風險，花王選擇利用「供應商道德資料交換平臺（Suppliers Ethical Data Exchange，Sedex）」加以控管。負責管理全球企業的道德資料的 Sedex，擁有 800 個大型企業會員，超過 4 萬家供應商的道德資料。

Sedex 的會員透過平臺向供應商發出回覆自我評估問卷的邀請，供應商直接在線上回覆問卷。問卷的題目涵蓋勞動標準、健康與安全、環境及商業道德等範圍，問卷依業種業別設計，不同業別的供應商所需回答的題目從 67~225 題不等。回收的問卷有助於會員企業評估自身供應鏈中的風險，風險較高的供應商則由 Sedex 監督，並協助其改善。

由於這種做法稱不上萬無一失，所以，「最終，還是得靠自己親自到農園看看一看。」田中說道。這也讓我們再次看到花王堅持有效溯源的態度。

左圖為利用天然洗淨成分槐糖脂（sophorolipid）的莎羅雅洗衣粉和洗碗精，採用隔離級的認證棕櫚油，產品上載有認證標章。另一方面，主力產品的椰子油洗潔精（右）則是以認購綠色棕櫚的方式使用 RSPO 認證的棕櫚核仁油。出處：藤田香

莎羅雅的椰子油洗潔產品全部通過認證

以「椰子油洗潔」系列知名的莎羅雅（SARAYA，位於大阪市），是一家很早就意識到棕櫚油會帶給熱帶雨林傷害，並採取因應行動的企業。莎羅雅在 2005 年加入 RSPO，自 2011 年起，「椰子油洗潔」系列以認購與聲明的模式購買綠色棕櫚憑證，為該系列的所有產品貼上 RSPO 認證生態標章。除此之外，另一個有洗碗精、蔬果洗潔精等商品的「快樂象」系列，於 2012 年開始採用隔離級的認證棕櫚油作為原料，這也是日本第一個採用隔離級棕櫚油的商品。快樂象不使用界面活性劑，而是使用天然酵母加上糖和棕櫚油發酵而的天然洗淨成分——槐糖脂（sophorolipid）。

由於此一獨特配方大量減少棕櫚油的使用量，使得莎羅雅能夠購入足量的隔離級認證棕櫚油。因為棕櫚園的開發導致婆羅洲象等野生動物失去棲地，故莎羅雅也長期支持棲地復育的活動。莎羅雅每年皆會提撥椰子油洗潔系列產品總營業額的 1% 給生態復育相關的 NGO 組織，好讓棲地復育工作順利進行。

目前，莎羅雅旗下除了椰子油洗潔系列以外，其他洗潔精、洗髮精等商品大約有 50 種皆採用認購綠色棕櫚憑證的模式，取得 RSPO 認證標章。莎羅雅計畫在 2020 年以前，以認購綠色棕櫚憑證搭配使用隔離級認證棕櫚油的方式，達成所有產品 100%、全部載入認證標章的目標。

既往即便沒有加入 RSPO 的企業，也可以認購綠色棕櫚憑證，使得憑證變成投機的對象，價格經常被哄抬。有鑑於此，RSPO 秘書處自 2017 年 4 月起實施修正後綠色棕櫚憑證的認購規則，亦即非 RSPO 的會員企業就不無法認購憑證，藉以提高認證制度的可信度，至於價格則採市場機制，由供需決定。

「認購憑證的成本其實是一項很大的負擔，不過，RSPO 認證制度如果做不完全的話，永續棕櫚油就不可能被實現，只有在野生動物的棲息環境不被破壞的前提下，才有可能永續生產與利用資源，我們的社會也才能夠永續。莎羅雅作為『SDGs 的經營者』，自當承擔。」莎羅雅的董事暨公關部部長代島裕世充滿熱情的說。

辦公大樓提供的清潔用肥皂也不能豁免

在以「All Japan」總動員的規模，因應棕櫚油議題的高度危機意識下，食品相關產業和其他產業也開始思索棕櫚油的對策。不二製油於 2016 年 3 月制定並發表「負責任的棕櫚油採購方針」，在採購方針中做出承諾，貫徹「森林零破壞」以及對原住民、當地居民、勞動者零榨取的採購標準。為了實現上游供應鏈一榨油工廠，甚至於種植農園的可追溯性，不二製油也採取積極的措施。根據不二集團最新的報告，其採購的所有棕櫚油至榨油工廠的可追溯性已經達到 94%。

味之素康寶濃湯使用的食用油脂，還有供應給化妝品工廠的氨基酸界面活性劑，原料都是棕櫚油。味之素以 100% 替換成 RSPO 認證油為目標，達成年訂在 2018 年。

食用油業的龍頭日清 Oillio 除了生產、販售家庭用食用油以外，同時也是中間業者，供應人造奶油、起酥油等加工油脂以及油炸專用的業務用油、化妝品基礎油等商用及工業用油給需求業者，客戶數量高達數十萬家。

2014 年，橫濱磯子事業場和大阪的事業場對認證油和非認證油加以區隔、分別管理，取得 RSPO 供應鏈認證，並且採取能夠對應隔離模型的體制，如此一來，便能配合客戶的需求，選擇不同的認證方式。本身也擔任供應商角色的日清 Oillio，認為取得認證是責無旁貸的事。「我們身為供應鏈的一員，能夠將棕櫚油衍生的社會問題傳達給客戶知道，向他們表達訴求，希望客戶使用不破壞環境、人權的產品。」日清

Oillio 如此說道。

除了化學品和食品產業，其他的企業也開始採取行動，以三菱地所為例。三菱地在東京地區以車站為中心、負責管理超過 100 棟的商辦大樓。大樓廁所裡放置供人洗手用的肥皂，使用棕櫚油作界面活性劑。雖然只是小小的肥皂，但因為數量很多，對三菱地所來說也是風險。

原本供貨給三菱地所的廠商並沒有採用 RSPO 認證棕櫚油，三菱地所已經對該廠商提出改用認證油的要求，同時也預定向已經通過認證的新廠商採購肥皂，希望在不久的將來，全面實現 100％採用認證棕櫚油的目標。

驅動三菱地所採用認證品的緣由，有一部分原因來自東京奧運公布「考量永續性的供應基準」。先前已經就個別項目，如木材、農產品、畜產品、水產品等發布了所屬供應基準，預期棕櫚油的採購標準也會被規範。

棕櫚油對熱帶雨林的生物多樣性具有莫大的影響，不僅是化學品和食品產業，從物業管理公司到買食品、買清潔用品的消費者，整個價值鏈都有維護這項原料的永續性的責任。

更 多 資 訊

NGO 組織監督企業的棕櫚油政策

棕櫚油是投資人和 NGO 組織十分關注的自然資源，始終用嚴厲的眼光監視著。代表投資法人機構，針對企業在環境方面的作為進行評比的 CDP，透過資料分析、評比與棕櫚油有關的企業，於 2016 年公布「CDP 森林專案」A 到 F 等級的評等結果。企業被詢問的內容包括含有棕櫚油的製品的產量、溯源追蹤的方法、是否訂有採購標準、第三公正單位認證的通過率、定量目標的設定等等，CDP 就企業的回答給予評分。（參考第 41 頁）

建立 RSPO 制度的 WWF，則針對採購企業在 RSPO 認證油的使用比例以及 100％使用認證油的目標年等方面的表現，給予評分。雖然各家企業的用量和規模不盡相同，無法簡單的作比較，不過，根據 2016 年的調查報告，可以看到西友和莎羅亞都獲得很高的分數。

綠色和平環保組織曾經以為是否公開承諾森林零破壞、是否有透明的溯源機制、是否實施供應鏈監督和稽核等內容為評鑑標準，將企業分成「對森林友善」和「對森林不友善」的企業。對於對森林不友善的企業，綠色和平就會發起活動，要求該企業採取相應的措施。

RAN（雨林行動網）則致力於監督棕櫚油的大宗用戶——佔 8 成以上消費量的食品產業。他們於 2015 年針對在美國市場上流通的 20 家食品製造商作評比，速食麵大廠日清食品和東洋水產也在受評之列，評比的重點項目包括了是否有森林零破壞宣言、透明可行的溯源機制、對能貯存二氧化碳的泥炭地的保護、對土地及勞工的權益維護，評比結果分為「先進企業」和「落後企業」並發表公布。經過 RAN 的評比，美國家樂氏獲選為「先進企業」。

農村

農作物——農業・食品・零售業
切入貧窮與後繼無人的農業議題

整體動向

最近，我們可以在越來越多的食品和飲料的外包裝上頭，看到一隻綠色青蛙的圖案。這個圖案不是別的，正是雨林聯盟（RA）的認證標章。

雨林聯盟認證是以與雨林息息相關的熱帶農作物為對象，通過雨林認證代表該作物符合保育野生動物的原則，同時也保障勞動者的權益，才能使用雨林認證生態標章。LAWSON（LAWSON）便利商店內的現磨咖啡「MACHI café」和東海道新幹線上推車販售的咖啡等，我們也可以在他們所使用的紙杯上看到這隻小綠蛙。

對食材自給率不到40％的日本來說，無論是企業還是消費者，都有責任讓自海外進口的農作物具有永續性、永續被供應，因為生產作物的農園可能存在著砍伐熱帶雨林、侵害當地居民權益的風險。以前在採購時，考慮的大多是安全性和品質之類的問題，現在則不然，還需要再加上對環境面和人權、勞動面的考量。

永旺和森永推出雨林認證的巧克力。這些雨林認證商品企圖藉由適當的銷售價格，協助生產者脫離貧窮，另外還有目的大同小異的道德消費商品，也越來越能夠在市面上看到它們的蹤影，這些商品也相當受到年輕人的認同。

LAWSON店內販售的人氣現磨咖啡「MACHI café」，100%使用巴西和哥倫比亞通過雨林聯盟認證的咖啡豆。出處：LAWSON

企業在辦理農產品採購時，如果能夠自主設定不傷害環境和生態系統、不侵害人權和勞權的標準規範，不僅可以保護自然彰顯社會責任，更能夠維護供應鏈的穩定。對發展中國家的農作生產者來說，只

東海道新幹線上推車販售的咖啡，100%使用通過雨林聯盟認證的咖啡豆。小綠蛙的標誌漸漸地融入我們的日常生活。出處：JR東海

要種出符合規範或通過認證的農作物，就能夠保證被收購，如此一來，就能夠提高他們的收入和生活水準。

在國內的農產品採購方面，企業界的做法也跟以往有所不同。企業採購國內的農產品，把環境和人權一併納入規範考量就不用說了，另一個層面，也就是如何透過採購促進地方的活化，也變得越來越重要。在地方上，因為高齡化和後繼無人，使得廢耕地的面積日益擴大。企業為了能夠獲得永續供應的農產品，將目標轉向永續的農業，並且思索如何守護里山的生態系統，應將這些與地方產業的育成和活化連結在一起。

以「O-IO茶」系列等茶飲料聞名的伊藤園，在長崎、大分、宮崎、鹿兒島等地展開將荒廢農田變成茶園的計畫，伊藤園與當地農戶簽立契作合作方案，提供給他們伊藤園自有的生產技術，並且以一定的價格全量收購採收的茶葉。伊藤園不僅要讓農戶都有穩定的收入，同時也期盼藉此使里山生態得以維持。截至2015年，伊藤園透過這個方式總計畫定了1000公頃的廢耕地作為茶園，伊藤園希望在2020年以前，能夠把茶園的面積擴大到2000公頃。

伊藤洋華堂等零售業者則是積極推廣在考量生物多樣性的條件下種植出來的稻米，例如兵庫縣豐岡市出產的「白鷺鷥生態米」、新潟縣佐渡市出產的「與朱鷺共生之鄉認證米」都屬於這一類商品。為了復育一

兵庫縣豐岡市繁殖出一度失去蹤跡的白鸛鶿後，予以野放，同時提高水田的生物多樣性，以確保白鸛鶿覓食無虞。在這些水田裡栽種出來的稻米，冠上白鸛鶿生態米的名稱，自創品牌行銷市場。出處：豐岡市

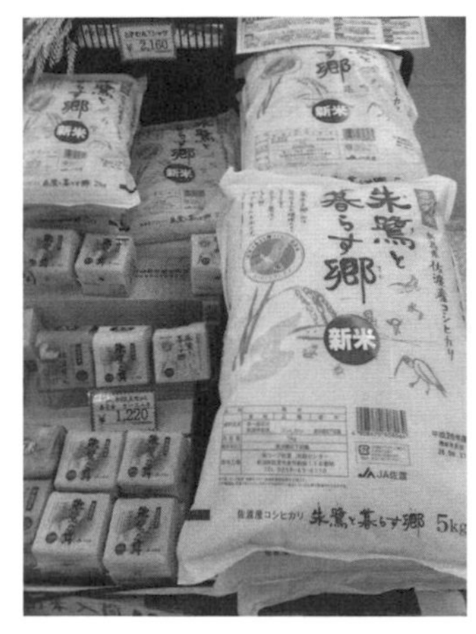

新潟縣佐渡市出產的朱鷺米，由地方政府制定環境生態、系統相關規範加以認證。目前，野生的朱鷺增加到 280 隻，已成為佐渡的象徵。
出處：藤田香

度消失絕跡的白鸛鶿和朱鷺鳥，當地農夫減少農藥的使用量，甚至不使用農藥，好讓放生至野外的白鸛鶿和朱鷺鳥前來覓食時，吃得到田裡的小生物，上述的稻米便是在這種以生態為重的稻田裡被栽培出來的。由於兼具生態與健康的附加價值，在市場上創造出差異化，使得這些稻米商品的口碑和銷路都相當好。

佐渡市的主食用米耕作面積中，栽種認證米的比例，在 2008 年時只有 7.2%，到了 2015 年已經衝上 23.6%，朱鷺米的價格是一般市售白米的兩倍價錢，雖然售價高仍相當搶手，顯見消費者基於健康和友善生態的考量認同也接受有機生態產品，銷售這些商品的米穀專賣店也從 2010 年的 150 店增加到 330 店以上。通路商積極投入產品的推廣，就可以讓佐渡地區的農民和居民無後顧之憂。

2017 年 3 月制定的東京奧運農產品供應基準，表明農作物需取得可確保整個生產流程具備永續性的良好農業規範 GAP 的認證，方可供應東京奧運大會食材使用。政府設法加速農民取得 GAP 認證，藉以提高國產農作物的永續性以及品牌價值，進而拓展海外的市場。具有競爭力的農業也是活化地方、使地方重生的解藥之一。

企業篇

全力支援斯里蘭卡的紅茶園取得認證的麒麟

日本進口的紅茶茶葉當中，大約有 5 成的比例來自斯里蘭卡，其中 4 成的斯里蘭卡紅茶交給麒麟製造「午後的紅茶」。單就這一點來看，麒麟對斯里蘭卡的紅茶園是否能夠永續，負有相當大的責任。紅茶的產地不同，茶湯的顏色和香氣也就不同，因此，麒麟無法以其他產地的紅茶來替代。為了讓斯里蘭卡的紅茶園在生產的同時，也能夠兼顧到環境保育、人權勞權保障，麒麟自 2013 年起以實際行動支持當地的紅茶園通過雨林聯盟（RA）的認證，凡是為取得認證所需支出的訓練費，皆由麒麟贊助。

截至 2016 年底，已經有超過 40 個以上的紅茶園取得雨林聯盟的認證。對麒麟來說，紅茶園通過認證不單單只是降低公司在環境和人權方面的風險而已。紅茶園遭逢大雨時，往往造成沃土流失，不僅如此，流失的土壤又會造成河川污染。受過訓練的紅茶園知道如何防止土壤流失，可以使產量保持穩定，提高生產效率。對種植者來說，受訓和取得認證幫助它們提高產能、改善生活，對麒麟來說，不僅得到了符合採購規範的高品質紅茶，同時也獲得了穩定供貨的保證，可說是雙贏的策略。

麒麟的紅茶茶葉大部分來自斯里蘭卡。麒麟提供訓練費用，幫助紅茶園取得雨林認證。
出處：麒麟集團

打破企業壁壘，5 大企業策略聯盟

在歐美十分普遍的 RA 認證，在日本對消費者來說，仍屬陌生。為了強化認知動能，企業之間也開始展開連橫合作。雨林聯盟認證的營運組織「Rainforest Alliance」為了讓更多人認識雨林認證，遂與企業合作成立「雨林聯盟聯合會（Rainforest Alliance Consortium）」，成員除了麒麟以外，還有銷售立頓紅茶的日本聯合利華控股公司、擁有 MACHI café 品牌的 LAWSON 便利商店、販售摩卡（Maxim）咖啡的味之素 AGF 以及進口香蕉販售的 Unifrutti Japan 公司等，共有五家企業參與。

「從輕輕的一躍，躍出小綠蛙的大未來。」聯合會在這句簡短有力的口號的號召下，於 2016 年 4 月開始展開活動，透過官網和推特將 RA 認證的相關資訊傳送給顧客或好友。

五家公司之所以合組聯合會，除了有提高 RA 認證認知度的理由以外，還有其他原因。為了取得品質優良的原料，持續提供給消費者優質商品，就是原因之一。LAWSON 販售的現磨咖啡 MACHI cafe，100％使用巴西和哥倫比亞等地通過雨林聯盟認證的咖啡豆。

LAWSON 的事業本部・社會共生經理長谷川泉開宗明義地表明合作的理由：「受到氣候變遷的影響，越來越難買到品質優異的咖啡豆。不過，如果是取得認證的農園，就能夠穩定的供應符合規範的咖啡豆，我們也就能夠持續提供給消費者好品質的咖啡。透過聯合會舉辦的活動，讓認證商品受到更多消費者的關注和支持，這樣願意取得認證的農園就會增加，食品產業想要確保優質、穩定的貨源供應，就變得容易多了。」

麒麟 CSV 戰略部的藤原啟一郎也說明了取得認證為農園帶來的好處：「有通過認證的農園，生產效率比較高。由於他們生產的作物都能夠 100％被收購，工作人員就能夠改善生活的水準。同時還能夠累積很多經營農園的技術。」取得認證也是促進地方經濟和活化社區的一種作為。

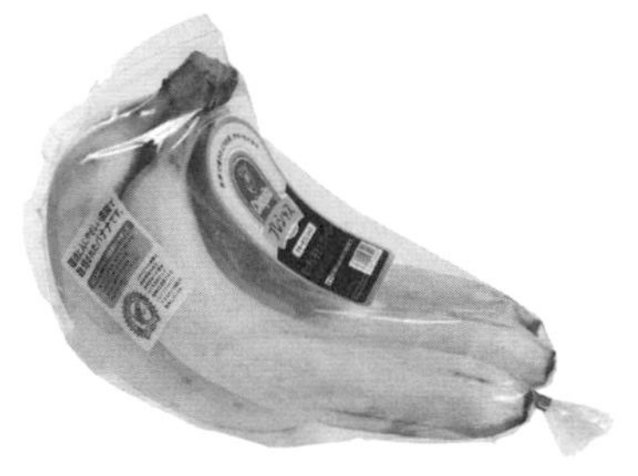

由 Unifrutti Japan 進口、取得雨林聯盟認證的香蕉。該香蕉來自菲律賓第一座取得認證的農園。出處：日本 Unifrutti

可口可樂總部發出必須考量人權的指令

與海外的農戶不同，日本國內的農業正面臨嚴重的高齡化和後繼無人的問題。日本可口可樂的綠茶產品「綾鷹」所使用的茶葉由國內的茶園供應，為了擁有穩定、永續供應的貨源，日本可口可樂開始在茶園產地推動轉型農業，以使茶園的生產能夠安定化、具永續性。

可口可樂集團制定有全球可口可樂共通的原料收購原則 SAGP（Sustainable Agriculture Guiding Principle，永續經營的農業原則），該原則涵括環境、人權．勞權、農園管理系統等 15 個項目，身為可口可樂集團旗下的日本可口可樂，也開始遵循此一原則進行原料收購。美國可口可樂總部要求全球可口可樂體系所使用的主要農產原料（砂糖、橘子、咖啡等），在 2020 年以前皆須導入 SAGP 的系統，日本可口可樂收到的指令是茶及咖啡必須符合標準。

日本可口可樂在推行 SAGP 之初，感受最深刻的莫過於美、日兩國對人權．勞權的觀念完全不同。採購本部農產品原料部部長遠藤誠司回憶當時說道：「美國總部措詞強硬地告訴我們：『人權考量是為了保護品牌，如果有人在我們的農園裡看到童工，品牌形象、價值立即毀損。』我也強烈地感受到現在這個時代，人權問題的責任需要靠公司自己扛起來，不能交給供應商。」美國總部也要求外部驗證，是否符合 SAGP 的標準，需要透過第三方的查核。因此，日本可口可樂取得在日本十分普及的農業生產管理系統「J-GAP」的認證，並且接受監督。

所謂的 GAP 是指為了實現食品安全、環境保護和生產者的安全與福祉等永續性而開發的優良農業規範，農林水產省為推動 GAP，特針對農藥和肥料的使用、土壤管理、生產工程管理等等制定指南。GAP 需要經過第三方認證，以日本本土的 GAP 進行認證者，就是 J-GAP，國際上通用的 GAP 則是 GLOBAL G.A.P.。

由於既有的 J-GAP 在人權和勞動權益方面的考量，過於薄弱，明顯不足，於是，日本可口可樂與 J-GAP 協會合作，協助已經取得 J-GAP 認證的茶園，追加補充 SAGP 和 J-GAP 有差異及差距的部分，藉此將 SAGP 全部導入，取得「J-GAP+」認證。

日本可口可樂另外製作了載有檢視清單的手冊，教導茶農如何透過數據檢視水和二氧化碳等指標的狀態，數據則由日本可口可樂定期自供應商處收集、彙整。隨著這些措施的導入，茶園的生產效率逐漸提高，並且也確立該農業經營處於永續發展的狀態。

日本可口可樂已經協助 141 個主要的生產者團體取得「J-GAP+」認證，遠藤則認為可口可樂將廢耕地變成綠地，為地方創造就業機會，讓當地居民獲得穩定的收入，實際上是為縮短貧富差距做出貢獻。

以前，茶農並不清楚自己栽種出來的茶葉，被送到供應鏈下游究竟用來製造什麼樣的產品，透過 J-GAP+ 認證的過程，他們第一次知道原來自己種出來的茶最後變成了「綾鷹」。有了這層了解以後，茶農們種好茶的熱忱也在無形中被提升了。「如果在振興日本農業上，日本可口可樂能夠有一席之地的話，可說是無上的喜悅。東京奧運將是促使日本農業轉型成功的大好機會。」遠藤說道。

化廢耕地為葡萄園和啤酒花園

說到讓荒廢農地變身為葡萄園的成功案例，首推麒麟集團旗下的 Mercian 公司。Mercian 不僅讓廢耕地重獲新生，還增加了里地里山的生物多樣性。Mercian 位在長野縣上田市、由公司直接管理的葡萄園「椀子葡萄酒園」佔地大約有 20 公頃，以前是一片荒蕪的廢耕農地，

■ 日本可口可樂的永續農作物準則

出處：由日經 ESG 整理日本可口可樂的資料

綠茶：日本 141 個團體	進階版的 J-GAP，以符合日本可口可樂的規範（人權 24 項、環境 26 項、農場管理 14 項）
紅茶：斯里蘭卡等	取得 ETP（Ethical Tea Partnership，道德茶葉合作夥伴）、雨林聯盟認證、公平貿易認證等。
烏龍茶：中國	符合全球可口可樂共通的「永續經營的農業原則（SAGP）」。

供應日本可口可樂製造綠茶產品「綾鷹」的茶園。以日本 GAP 協會的「J-GAP」為基礎，再補足、加強全球可口可樂共通的永續的農業規範「SAGP」，即為同時滿足「J-GAP」和「SAGP」兩種規範的「J-GAP+」。日本可口可樂的人員正在指導農家如何種出符合「J-GAP+」的綠茶。

麒麟集團旗下 Mercian 公司的葡萄園（長野縣上田市）。該園區原本是廢耕地，草原被保留了下來，經調查確認生物多樣性有所增加。
出處：麒麟集團

憑藉著 100 家農戶的通力合作，Mercian 成為這一片農地的承租戶，於 2003 年將它們打造成葡萄園。

椀子葡萄酒園採用垣籬式栽培（譯註：歐洲常用的栽培架式 Vertical Shoot Positioning，VSP，即植株為垂直分布形，相對於棚架式），地面任由雜草叢生，給人在遼闊的草原上栽種葡萄樹的印象。地面的雜草會定期進行除草，除避免外來種的植物繁殖以外，也為原生種的植物創造生息的空間。根據農研機構—農業環境變動研究中心的楠本良延的調查，該處葡萄園有 288 種植物和 168 種昆蟲，其中還發現並確認被宣告為瀕危植物的鈴柴胡以及西洋耆草、萱草（金針花）等罕見植物的蹤跡。

按照楠本的說法，日本的國土面積曾經有 30％是草原，但如今連 1％都不到，可說處於危機狀態。草原可以抑制害蟲繁殖，有助於維持生物多樣性。就保護生物多樣性的層面來看，草原因為葡萄園的存在而受到維護管理，具有重大的意義。椀子葡萄酒園出品的葡萄酒曾經贏得世界著名的國際大獎，該地區也因為種出得獎葡萄酒，感到與有榮焉。

麒麟在岩手縣遠野市的啤酒花農園，同樣也做了生物多樣性的調查，結果發現在啤酒花田周邊的防風林、草地、啤酒花樹下方的草叢，已衍育出豐富的生物多樣性。受到高齡化和後繼無人等因素的影響，遠野市的啤酒花產量大幅衰退到只剩下之前的15%，麒麟為了讓遠野市的供應基地能夠持續下去，開始展開振興地方農業的計畫。麒麟在啤酒花田實施生物調查，將花田所創造的里地里山價值，透過可視化的方式傳達給居民知悉。

麒麟很早就表明要透過經營解決社會議題，創造共享價值（CSV），不過，2017年2月麒麟再次公開發表「創造共享價值承諾」，並動員全集團一起實踐，本次宣言主要是回應17項聯合國永續發展目標。其中，輔導斯里蘭卡的農園通過雨林聯盟認證、協助國內葡萄園和啤酒花農園得以永續生產並促進地方活化，將對目標2「消除飢餓」及目標15「陸地生態」做出貢獻。

可果美利用本土蜜蜂授粉，降低對生態系統的衝擊

日本的番茄總消費量當中，大約有30%左右由可果美收購，黃綠色蔬菜中也有12%的消費量供應給可果美。對可果美來說，「永續農業」可說是議題中的議題。

該公司於2016年啟動中期營運計畫，計畫中描繪了公司未來的願景：「透過食育解決社會問題，成為能夠永續成長的堅實企業」，同時訂出三大行動方針，分別是「健康壽命的延長」、「振興農業．地方創生」以及「全球的糧食問題」。

可果美的番茄栽培方式主要有兩種，用來作為果汁原料的加工用番茄採露天栽培，生鮮用番茄則採溫室栽培。採露天栽培的加工用番茄，全日本有700~800家生產者都是可果美的收購對象，由於採收作業十分繁瑣，所以，可果美已逐步進行整併、縮減。可果美與這些農家合作，從整土、翻土就開始給予指導，可果美也訂有農藥使用的自主規範，凡是對生態系統有不良影響的農藥，皆被排除禁止使用，只要是堆肥、綠肥，則建議積極使用。

可果美利用高知縣的直七柑橘、愛媛縣的奇異果等當令、地產的水果，推出季節限定的「野菜生活」，向消費者傳播地方農業的訊息。出處：可果美

全日本目前有12縣660戶農家、總計

250公頃的田地與可果美簽有契作合約，可果美全量收購契作農戶們所栽種的番茄，收購價格由雙方共同決定，透過這個方式支持番茄的永續種植。

至於在生鮮用番茄的栽培方面，可果美在全日本有50座溫室供應基地，透過蜜蜂授粉達成產量目標。進口西洋熊蜂協助番茄授粉的做法，已經是行之多年的慣行農法，不過，這種西洋熊蜂被外來生物法指定為特定外來生物，無論是引進使用或蜂群死亡後都必須按照規範提出申請或銷毀。可果美為避免一不小心讓外來種熊蜂擴散出去，造成生態上的衝擊，在西洋熊蜂尚未被指定為特定外來生物之前，就開始研發利用本土熊蜂執行授粉的技術，目前，可果美已經有計畫地將溫室裡的蜂巢，改成本土原生種的熊蜂蜂巢。

可果美對於地方上生產的農作物，同樣給予大力支持。山形縣出產的La France西洋梨和北海道余市町的番茄汁等深具地方特色的農作名產，可果美自2016年起透過電商平臺行銷各地。可果美不僅是販售產品而已，生產者栽種的心路歷程等資訊，通通被放在網站上傳達給消費者。

此外，可果美的主力飲料商品「野菜生活」，自2017年1月起，開始推出以當季、地產的農作物為原料的季節限定商品，例如以高知縣的直七柑橘做成的「直七」果汁、愛媛縣的奇異果果汁都是限定期間販售的產品，其背後隱藏著活化地方農業的目的。在這些果汁的外包裝上，載有原料產地的小故事、簡介等等，吸引消費者的目光，希望能藉此圈粉、增加消費客群，共同支持地方農業。

嚇一跳驢子對白米及番茄的堅持

在札幌市的Arefu旗下擁有一知名漢堡排餐廳「嚇一跳驢子」，早在2005年就針對番茄採購，宣布不透過外來種的西洋熊蜂授粉的方針。他們向契作農戶提出不引進西洋熊蜂為小番茄授粉的要求。

「以實現保育生物多樣性為目標」一直是Arefu的經營方針，Arefu承諾透過食材和營業資材等的收購，實現該目標，致力於增加「生氣蓬勃的田地」的耕作面積，向從永續觀點出發的魚貨業者採購水產品。Arefu也透過食材和資材的採購對森林資源的保育做出貢獻，並計畫在2018年以前，達成60%以上的食材為在地採購的目標。

■ 東京奧運委員會公布的考量永續性之農產品食材供應基準

- 係以生鮮食品及加工食品為對象。必須符合以下 3 種規範：
  1 符合相關法規以確保食品安全。
  2 符合相關法規以保護環境與生態。
  3 符合相關法規以保障作業者的勞動安全。
- 取得 JGAP Advance 認證和 GLOBAL G.A.P. 認證的農產品，皆為符合基準的品項。其他如通過東京奧運組織委員會審認驗證制度。
- 除了認證以外，依據 GAP 指南施作，並獲得第三者確認的農產品，亦視為符合基準的品項。
- 有機栽培農產品、身心障礙者栽培的農產品、於世界農業遺產區域或日本農業遺產區域內以國際機構認定的傳統農業栽培的農產品，列為特別推薦項目。
- 國產農產品列為優先採購項目。
- 取得公平交易認證的農產品、具生產履歷紀錄的農產品列為優先採購項目。

東京奧運的永續農業基準

2017 年 3 月制定的東京奧運考量永續性之農產品食材的供應基準，將確保食品安全、保護環境與生態以及保障作業者的勞動安全等 3 項列為必要條件，只要是取得良好農業規範進階版（JGAP Advance）認證和全球優良農業規範（GLOBAL G.A.P.）認證的農產品，皆為符合基準的品項。另外，有機栽培的農產品、在世界農業遺產區域內，遵循被認定的傳統農業栽培生產的農產品，列為特別推薦項目，國產農產品列為優先採用的農作物。國外進口的農產品無法確認是否符合上述條件時，則以具永續性的公平交易認證等相關認證替代，且以具生產履歷紀錄的產品為優先採購項目。

永旺於 2017 年 4 月制定的永續採購 2020 目標，針對農產品項目，除了訂出自有品牌 100％導入 GAP 管理以外，也另外訂有有機農產品的銷售額占整體營業額 5％的目標。伊藤洋華堂很早就投入 GAP 農產品的推廣及普及化活動。農林水產省積極輔導農家採行 GAP 作業規範及取得認證，其終極目標是為了讓日本的農產品站上國際舞臺。東京奧運也因此成為促使農家取得 GAP 認證的一大契機。

在滋賀的土地上與自然共生的企業

境內擁有琵琶湖的滋賀縣，就經濟面而言，可說是生物多樣性與地方經濟發展兼具的先進地區。滋賀縣在 2017 年 6 月發表與縣民一起邁向 SDGs 的宣言，縣內所屬的企業也展開別樹一幟的活動作為回應。

利用當地產的艾草、糯米等天然食材，做出充滿土地氣息的美味甜點的老牌和洋菓子製造商「TANEYA」集團，在滋賀縣近江八幡市這個地區發跡，走過了整整 145 個年頭。TANEYA 因為大自然的恩惠，使公司得以獲取農作物製作甜點。所以在收購原物料時，總是親自來到生產者的身邊，仔細品量素材。

回應 SDGs 的甜點老鋪 TANEYA

為了獲得完全不噴灑農藥的艾草，TANEYA 在 20 年前就在自家農園種植艾草。時至今日，農園裡除了艾草以外，還有各式各樣的蔬菜、水果和花卉，全部都是採用有機栽培的方式種植。

TANEYA 的辦公室和店鋪之間盡是田園，這裡正是讓 TANEYA 的員工認識到農家辛勞一面的環境教育場所，員工們都要親自下田從插秧、除草、割稻，通通一手包辦，而且完全採用人工作業，連碾米都用手工。店鋪所在的園區栽種了五顏六色的花卉，形成最鮮明的裝飾。

TANEYA 也發表了「SDGs 宣言」，代表 TANEYA 確立事業經營的方向，並以實現永續發展的社會為目標。TANEYA 認為企業對保護自然環境及促進社會發展都有

TANEYA 製作甜點的原料皆使用有機栽培的天然素材。上圖為 TANEYA 旗艦店前一望無際的田園風光。店內天井的竹炭裝飾，是全體員工共同使用除臭炭黏貼而成。
出處：藤田香

責任，必須為後代子孫留下可永續的自然。

TANEYA重視自然資本的經營理念，也在辦公室和整個園區的設計上表露無遺。園區的後方是八幡山，TANEYA將園區內與八幡山一脈相連的山丘森林整備完成，有林地、還有小河流經的園區，本身就是一處里山。園區裡的主要建築，也就是TANEYA的旗艦店，由建築師藤森照信擔任整體設計規劃，藤森在屋頂上種出一整片的草皮，同時大量使用栗木和松木，外牆採用土壁，天井採用灰泥粉刷，整體建築自然融入地景與周遭環境。土牆由全體員工動手協力完成，天井的竹炭裝飾也是由每位員工親手黏貼消臭竹炭完成。透過這樣的方式，讓員工深刻了解農業是與自然直接連結的事業，更能夠體認到向自然學習的重要性，同時貫徹自然資本的經營。

滋賀銀行提供優惠利率，協助農家通過GAP認證

滋賀銀行自2017年5月起，推出一項新的金融服務，農民如果想取得J-GAP、GLOBAL G.A.P認證，皆可向其申請利率僅有0.3%的低利貸款方案。滋賀銀行做為農民取得認證的資金後盾，可說是近畿圈的首例。東京奧運的食材供應基準之一，就是優先採購有GAP認證的農漁牧產品。「食品·飲料製造商和零售業者積極鼓吹、要求農家要通過GAP認證，我們認為這是一個機會，所以推出了融資優惠服務。」滋賀銀行CSR室長辰巳勝則說道。

有了資金以後，如何輔導農民取得GAP認證等諮詢、實做 ，服務也必須到位。滋賀銀行於是和JR西日本公司旗下的「Farm Alliance」農業顧問公司合作，提供給有意願申辦的農家取得認證、開拓通路等相關技術支援，透過達到GAP認證的要求，提高農家的競爭力。「農家後繼無人是社會問題，對於地方上的農家所面臨的問題，身為地方銀行的我們，希望能跟他們一起解決。」辰巳說道。

滋賀銀行在更早之前就已經有類似的貸款服務「琵琶湖原則支援資金（PLB資金）」專案。

琵琶湖原則鎖定的是生物多樣性，滋賀銀行會就申請該專案融資的企業在生物多樣性方面的表現給予評分分級，評分內容共有4部分為8個項目，總分為100分，得分超過50分以上的企業，將以0.1%的低利取得融資。評分內容的4部份分別是「納入生物多樣性的經營方針」、

「推動及管理制度」、「計畫的實施」以及「普及啟發及活動的揭露」。琵琶湖原則只對認同分級做法的企業給予評分，截至現在，表示認同並提出申請的企業已經來到了 5094 件。

NTT 藉由赤牛料理教室守護阿蘇草原

在阿蘇草原上放牧的赤牛與大留璃小灰蝶。出處 NTT

透過料理烹飪，也可以使式微的地方畜牧業重現榮景，NTT集團正在進行這項特別的嘗試。NTT與旗下的日本NO.1廚藝教室ABC Cooking Studio，合力開辦赤牛料理教室。赤牛來自阿蘇草原放養的紅毛和牛，透過赤牛料理教室的活動進行大瑠璃小灰蝶的復育，大瑠璃小灰蝶為被政府指定的瀕危物種蝴蝶。

赤牛和大瑠璃小灰蝶有什麼關係呢？被放養的赤牛以阿蘇草原上的草為食物，赤牛什麼草都吃，就是不吃豆科植物，如：苦參，苦參剛好是大瑠璃小灰蝶的幼蟲的寄主植物。放養赤牛促成了苦參的保育，苦參吸引蝴蝶前來，大瑠璃小灰蝶因而有了可以生升息的棲地，得以穩定繁殖。NTT環境推進室的小林隆一指出：「100公克的赤牛可以守護4、5張榻榻米大小的草原。」

了解了赤牛所背負的使命以後，NTT於2017年2月開始在ABC Cooking Studio推出以赤牛為食材的烹飪課程，場場爆滿。參加的人除了原本就是料理烹飪相關行業的學生以外，連白領上班族也爭相報名。課程一開始，特別安排阿蘇草原的生態解說。講師為環境省和帝京科學大學的江田慧子老師以及日本自然保護協會，除了介紹阿蘇草原的獨特性以外，也說明赤牛與大瑠璃小灰蝶的關係，解說結束後才進入烹飪手作課程。活動收入的一部分捐作大瑠璃小灰蝶的保育之用。

小林說：「除了NTT集團以外，希望其他企業也能舉辦類似的料理活動，到時候NTT就能夠跟其他企業一起合作了。」NTT也正在檢討如何利用本業ICT（資訊與通信科技，Information and Communication Technology）協助阿蘇地區建立完整的環境資訊及地方創生。

3.

站在巨人的肩膀上學習

整體動向

歐美企業精準的資源策略

整體動向

歐美的大型企業很多在企業的核心思考理念融入永續經營，以作為追求永續自然資源的策略。他們不只在報告書和官網上揭露結合環境和人權考量的永續採購準則以及長期目標，同時也會公布目標達成狀況。重量級消費日用品零售商聯合利華承諾2020年以前，以棕櫚油為主的農產原物料100%來自永續採購。IKEA也承諾所有家具所使用的木材原料，全數來自永續經營的森林。Google的員工餐廳只提供經過第三方公正單位認證的水產品。為了確保認證原物料的採購路徑，有些歐美企業訂定的採購規範也會與國際標準同步。他們還會教育消費者正確的觀念，透過各種策略達成保護戰略資源。

其中先行者企業是很重要的助力。聯合利華承諾的執行長保羅波曼，面對投資人反彈，仍然堅持永續經營的理念，專注地帶領企業轉型。

至於雀巢則針對開發中國家的生產者訂定能力開發計畫，協助他們解決貧窮問題以提高生活水準，至於本業則透過創造共享價值（CSV），一起應對地球議題作出貢獻。

他們對自然資本精準、確實的經營策略，引領著企業邁向永續，有很多地方值得我們學習。

聯合利華　使自家標準成為國際標準的巨人

目前全球最大的消費品製造商聯合利華旗下擁有立頓紅茶、麗仕洗髮精等超過 10 個、年銷售額都在 10 億歐元以上的品牌，產品行銷範圍遍及全球 190 多個國家。以永續經營作為公司的座右銘，聯合利華的執行長保羅波曼在 2010 年啟動永續生活計畫，發表了充滿挑戰性的願景宣言：「在追求企業成長的同時，將同時減少對環境的不利影響，並為社會帶來貢獻。」當時，波曼執行長也宣布站在長期規劃的經營觀點，暫停公布每季的獲利。

聯合利華的永續生活計畫及目標，聚焦在 9 個領域，其中的之一便是「永續採購」。聯合利華的營業額大約各有一半分屬於食品和個人護理用品等兩大類產品，其中有 50% 的原物料來自農業和林業，採購量最大的原物料依序為棕櫚油、紙張、硬紙板、大豆、砂糖及紅茶。以全球的採購量來說，聯合利華的紅茶採購量佔全球的 12%，加工用番茄佔 6%，棕櫚油也佔了 3%，可說是農作物的大宗消費者。

聯合利華的第一層供應商多達 1 萬 2000 家，透過他們向全球 150 萬戶農家收購原物料，其影響力之大不言可喻。由於開發中國家小規模的農戶很多，使得供應鏈管理產生一定的難度。

然而，聯合利華仍舊訂下到 2020 年農產原物料達到 100% 來自永續採

■聯合利華的原物料永續採購比例　■制定 11 項具永續性的農業指標

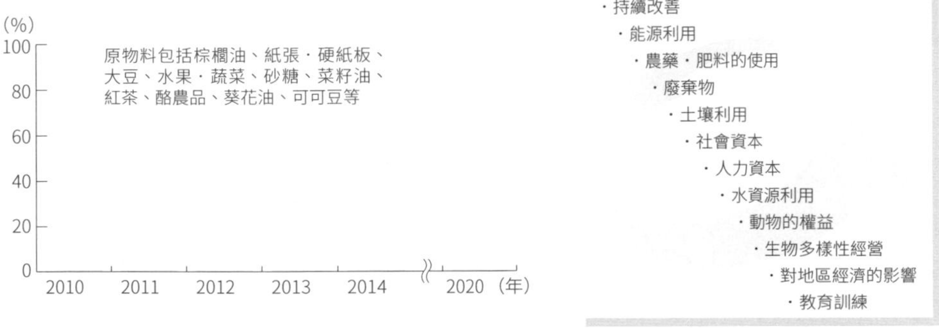

聯合利華訂下到 2020 年，農產原物料 100% 來自永續採購的目標，制定聯合利華的農業採購標準，並以該標準為基礎，建立起業界認同的驗證制度。出處：日本的聯合利華總部

購的目標。該公司在 2010 年的永續採購比例為 14%，到了 2014 年增加至 55%。

支援 45 萬家的立頓紅茶茶農取得認證

聯合利華該如何達成所有原物料均來自永續採購的目標呢？該公司在推動永續採購的作法有一個很大的特點。聯合利華先制定自身的採購標準，標準涵蓋環境和人權等各層面，再以此為基礎去推動國際第三方認證的標準。例如棕櫚油的棕櫚油永續發展圓桌會議（RSPO）認證、水產品的海洋管理委員會（MSC）認證，還有雨林聯盟認證的紅茶版等，都是以聯合利華的採購標準為藍本，透過 NGO 組織的協助，共同建立出來的國際規範。這樣促使供應商更容易取得認證，對公司來說，也能確保原料供應的穩定。

聯合利華的採購準則「永續農業標準」以主要農作物為對象，共有 11 個項目。除了土壤利用、生物多樣性經營以外，也包括了社會資本、人力資本、和對地區經濟的影響等，農園是否符合認證標準的檢核委託雨林聯盟等超過 20 個以上組織進行查驗認證。未通過認證的供應商會提供資金進行改善，並請國際專家培訓、輔導。聯合利華自身的採購標準也在與世界自然保護基金會（WWF）等 NGO 的溝通、協助下，成為國際業界的認證標準。

農家藉由取得國際認證，也可以使他們的人權獲得保障，並提升生活品質。以立頓紅茶為例，供應原料所需茶葉的茶農有 50 萬家之多，茶葉的價格在這 25 年間跌了 35%，在茶園工作的人們生活越來越嚴峻。

立頓紅茶的茶包使用 100%來自雨林聯盟認證的茶葉。
出處：日本的聯合利華總部

聯合利華於 2007 年和雨林聯盟秘書處合作，共同制定紅茶的認證標準：雨林聯盟向來以咖啡為認證標的，紅茶並不在他們的認證範圍內。在制定紅茶版認證標準的過程中，聯合利華也全力推動研修計畫，協助約 45 萬家茶農取得認證。

經過一連串的研修輔導，聯合利華終於在 2015 年使用 100%經過雨林聯盟認證的茶業生產立頓紅茶包，並且在外包裝上載入證明茶葉來自永續茶園的青蛙標章。

到 2019 年，只使用來自認證農園的棕櫚油

除此之外，棕櫚油可說是目前風險最高的原料，聯合利華一年約要用掉 150 萬噸，是日本企業總量的 10 倍以上。聯合利華在棕櫚油訂下「到 2019 年，所使用棕櫚油完全來自認證農園」的目標。一方面和主要供應商、全球最大的棕櫚油廠商新加坡豐益國際（Wilmar）共同簽署備忘錄，承諾在生產鏈中實現「不毀林」，另一方面於 2015 年在印尼的北蘇門答臘設立新的棕櫚油加工廠。

正當日本企業苦於找不到認證棕櫚油所苦的時候，聯合利華在 2016 年底已經有 36％的比例為 RSPO 認證的永續棕櫚油。

波曼執行長以永續採購做視保護資源的策略，「因為永續採購而增加的成本，實際上是為了風險管理。唯有如此，日後才能獲得高品質的原料。這同時也是對品牌形象的一種投資。」經營者的領導決斷能力成為公司的永續經營和自然資本經營的重要動力。

人物專訪

在地支援 CSV、社會企業創業家以及女性夥伴

Fulvio Guarneri
聯合利華日本 消費者市場行銷
代表取締役暨 CEO

照相：藤田香

聯合利華在 2010 年啟動的「永續生活計畫」，宣示「致力於追求企業成長的同時，一併減少對環境的不利影響，並為社會帶來貢獻。」波曼執行長為將經營觀點放眼於長期規劃，宣布暫停公布每季的獲利，當時，股東反對聲浪不斷，股價也應聲下跌 8%。

我們認為永續產品是解決社會議題的手段之一，不但能夠得到消費者的支持，從長期來看也必然獲利。舉例來說，在嚴重缺水的巴西，我們推出了幾乎可以不用水的乾洗髮產品，不只節約水資源解決環境問題，消費者也得到乾淨、清潔的好處，聯合利華的市占率也因此提高。又拿「立頓」紅茶來說，完全使用取得雨林聯盟認證的茶葉製作而成，兼顧人權與環境、聯合利華支持開發中國家當地小農的用心，也深受消費者的肯定。

這一連串的努力下來，聯合利華 2014 年的營業總額比 2009 年增加了 20%、484 億歐元，優異的績效也使我們得到股東的理解，2014 年的股價是 2009 年的 2 倍。

農作物是我們賴以為生的原物料，我們為棕櫚油、大豆等前 10 大原料制定永續採購的標準。符合不了標準的地區，我們自己蓋農場，每年提供訓練課程和資金幫助多達 80 萬戶的小農改善他們的耕作品質和經營管理。這些努力下，2014 年的永續採購比例已經來到了 55%。

然而對於永續的追求，並不只設定在採購階段。聯合利華的產品對環境產生衝擊，有將近 7 成是發生在消費者的使用階段，如此高比例，顯示從產品的整個生命週期來降低環境衝擊更形重要。

聯合利華在日本的工廠使用 100%再生能源

另外，聯合利華在日本推動永續也有許多針對性做法，透過日本人的價值觀市調，依照調查結果擬定了 3 個努力的方向。

首先是回應日本消費者對食品的關心。旗下冰淇淋品牌 Ben & Jerry's 全面採用通過公平貿易認證的水果和堅果，代表該產品所使用的原料是在兼顧環境和保障人權的情況下生產的，聯合利華也努力讓這項產品普及化。

其次是與電力有關的議題。包括靜岡縣和神奈川縣的工廠在內，日本境內所有事業所皆已使用 100%再生能源。聯合利華的能源政策現在也推廣至主要廠商的工廠，目前已有 880 萬度（kWh）替換成再生能源。

最後一個則是提高女性的地位。根據我們的調查，回答「對自己的外表有信心」的女性，只有 4%。針對這個議題，旗下個人品牌「多芬」拍攝促使女性覺醒為主題的動畫，並放上網路。2015 年 4 月公開以後，短短一個禮拜的時間點擊率就衝破 1190 萬次；同時也和美國女童軍組織合作，開始舉辦提高自我肯定感的工作坊，並且和全球最大社企育成組織「阿育王基金會」攜手，設立青年社會企業創業家賞。聯合利華相信透過品牌的力量也能夠對社會議題做出貢獻。

雀巢　透過 CSV 與貧困農家建立雙贏關係

以生產咖啡和巧克力點心「Kit-Kat」聞名的食品大廠瑞士雀巢公司，以透過本業解決社會問題的「創造共享價值（CSV）」為其經營核心。雀巢在全球 194 個國家擁有據點，最主要的原物料為咖啡和可可豆等農產品。不過，這些農作物大部分種植在貧困的國家，也是人權侵害問題很嚴重的區域。因此，雀巢在經營、保護自然資本的同時，也致力於改善農家的勞動環境、提升他們的生活品質。

與雀巢有直接貿易往來的農戶有 69 萬家。468 間工廠中的 7 成位於農村地區。「全世界有 75%的貧窮人口居住在農村地區，對雀巢來說，本業和農村的貧窮問題有著切也切不斷的關係。」日本雀巢的責任者說。雀巢支援這些農戶的生產，設立新的工廠，對雀巢與農戶而言，彼此成為創造共享價值的夥伴。

以可可豆為例，雀巢與農戶合作，提供高產量的可可豆樹苗，幫助農戶提高原料的質量和產量，也改善了他們的生活。此外，雀巢在進駐地區設立新工廠，創造就業機會，當地居民得到穩定的收入，雀巢自然就可以從產量、品質、生活穩定的地區得到穩定的原料供應，而且，該地區也可能成為雀巢的新市場，「這種雙贏關係，就是創造共享價值的實現。」雀巢總公司永續發展部長鄧肯．波拉德說道。

雀巢深刻體認到自身的事業與自然資本息息相關，2014 年積極投入「自然資本的保育」行列，前後加入「世界企業永續發展協會（WBCSD）」以及擁有世界銀行等成員的「自然資本聯盟」。2016 年，「自然資本議定書」甫一發表，雀巢即加以引用同時進行試辦，以衡量整體營運活動帶給自然資本的影響，以及對自然資本的依賴程度。

為了保護自然資本，雀巢以永續採購為策略主軸，並制訂 3 大機制。3 大機制分別是依據雀巢的供應商訂出監督、查察的「稽核機制」；針對棕櫚油和紙張等高風險原物料進行來源追溯的「溯源機制」並協助農民提高生產效能：兼顧環境保護並藉以脫離貧窮的「直接收購機制」。除此之外，棕櫚油、大豆、紙漿／紙張、可可豆、咖啡等 12 項主要原料分別制定「責任採購指南」，推動永續採購。2016 年，共有第一層供應鏈供應總量中的 61%接受了雀巢的稽核，雀巢也僅向符合標準的

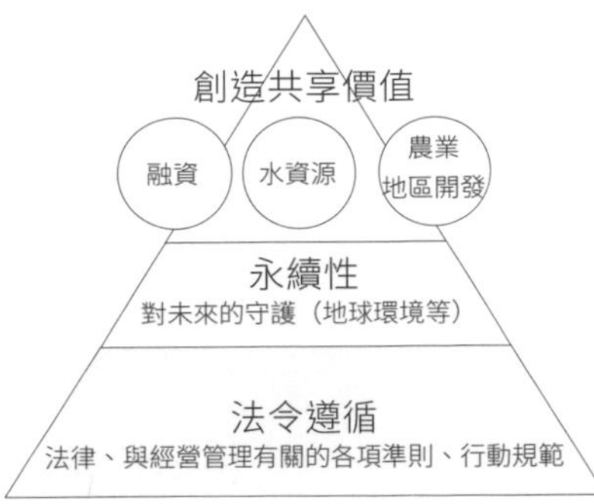
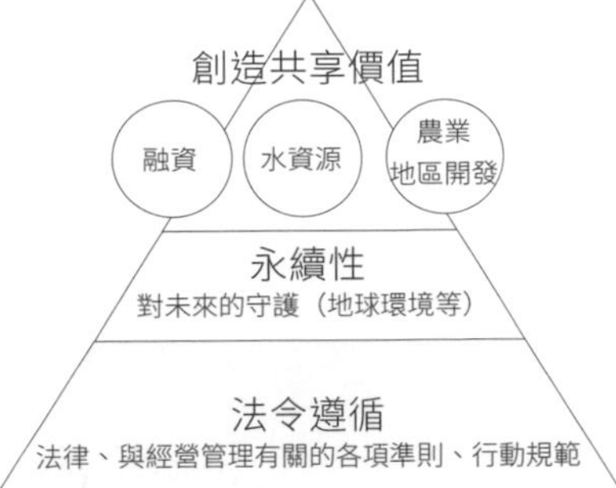

出處：依據日本雀巢資料由日經 ESG 做成

■雀巢「負責任採購」的 3 大機制

- 稽核機制
  依據雀巢的供應商規約對供應商進行稽核
- 溯源機制
  針對棕櫚油、大豆、紙張等高風險原物料進行來源追溯
- 直接向農戶收購機制
  直接從農戶處收購買原物料，協助農民提供兼顧環境保護的高品質的原料，並藉以脫離貧窮。

雀巢將結合本業為解決社會問題做出貢獻的 CSV，視為經營的核心理念。圖為協助象牙海岸的農民栽培可可豆一景。
出處：日本雀巢

農戶收購農作物。主要原料中的 51％來源已經追溯至最上游，44％為具有永續性的採購。雀巢計畫到 2020 年的目標分別有 80％的供應商接受稽核，80％的主要原料具有溯源履歷，70％的收購量為永續採購。

全球第一個與公平勞動協會合作的食品業者

在原料採購中，供應鏈上的人權也是必須考量的一大重點。「Kit-Kat」等產品所使用的可可豆是雀巢非常重要的原料之一，全球 10％的可可豆由其收購。不過，可可豆的主要生產國家象牙海岸卻經常傳出侵犯人權的問題。雀巢為了管理風險，以全球第一家食品業的身分與公平勞動協會（FLA）合作，於 2013~2014 年展開兩年的調查，訪問了 1200 戶農家，並進一步深入農村，向 90 家提供雀巢可可豆的供應商宣導不使用童工，同時邀請他們參加童工議題的相關研修課程。另外，預定 10 年內在可可豆產地投資 1 億 1000 萬瑞士法朗，並分送出 1000 萬株高產量的可可樹苗。雀巢也在象牙海岸興建學校，預定 4 年之內蓋完 40 所學校，讓兒童能夠就近入學，試圖以系統性的作為幫助解決產地的貧窮問題和人權問題，達成其永續採購的目標。

為了下一個 150 年的自然資本管理

Duncan Pollard
雀巢永續發展部長

照相：藤田香

雀巢擁有 150 年歷史，每天生產約 1 億種產品，每天在全球銷售出 10 億個產品。為了永續經營，不能不去思考如何擴大市場以及解決原料來源不足的問題。隨著開發中國家的經濟發展，一旦中產階級人口增加、消費擴大的話，原料不足和土地負荷問題就會變得更嚴苛。如果不結合核心本業解決諸如此類的社會議題，企業恐怕無法持續。基於這樣的想法，雀巢宣布以「CSV」為經營理念。

雀巢的 CSV 行動在 21 個國家，從水資源管理、營養提供及地區開發等 3 個領域展開。為了推動地區開發，所有採購原料中的 10% 直接向農民採購。亞洲和非洲等地區有不少貧窮國家，雀巢的想法是提供給這些農民可以高收穫的可可樹苗，幫助提高產能跟品質，以改善他們的生活，對環境的負荷也可以降低，雀巢也就得到了穩定的原料供應。

另一方面，雀巢設立新工廠，提供當地居民就業機會，生活水準因而提升，當地就有機會成為雀巢的新市場。雀巢透過這些方式與當地居民合作，共同建立起「Win-Win」關係，就是創造共享價值的具體實踐。針對營養不足的地區，雀巢與農民合作種植作為營養添加用的樹薯，除了可穩定樹薯原料來源無虞之外，也能改善當地居民的健康。

雀巢公開宣示要保育自然資本。因此，先了解自身對水資源、土地、土壤、空氣等自然資源的依賴程度，再對症下藥擬定策略，就非常重要：舉例來說，雀巢收購越南的農作物，但當地灌溉用水過度使用以致出現水資源匱乏的危機，由此可知既有的生產流程對水資源這項自然資本造成衝擊，雀巢因此展開用水量管理，已將其每噸產出的用水量減為三分之一。這就是「自然資本管理」，為了下一個 150 年，絕對不能漠視。

在自然資本重大議題的盤點上，雀巢鑑別出咖啡和棕櫚油等 12 項重要原料，同時也以自行研發的方法量測營運活動對社會、環境和自然資本的衝擊。對雀巢來說，重點不在於採用哪個方法來評估以獲得供應鏈現況，進而採取對策減少負荷。

但是，當要對外部做資訊揭露時，就不能不利用標準化的報告方法。雀巢應碳揭露專案（CDP）的要求揭露二氧化碳排放量以及水資源、森林資源等相關資訊。這 3 個項目即能涵括 8 成左右的自然資本。雀巢也參與自然資本議定書的討論，並且採用自然資本議定書進行專案的定量評估。

開雲集團　全球第一個以「自然資本會計」看公司損益的企業

以經營服裝商品、珠寶配飾、手錶、運動產品等精品為主，旗下擁有20個行銷全球，如Gucci、聖羅蘭（Saint Laurent）、寶詩龍（Boucheron）、PUMA等知名品牌的開雲（Kering）集團，年度營業額高達123億歐元。

從2012年開始，該集團以獨樹一幟的會計報告方式每年公開環境「收支狀況」的「環境損益報告」，該報告刊載他們對地球自然環境造成的影響，並以貨幣形式呈現。以貨幣形式衡量公司營運所需的自然成本，就是所謂的「自然資本會計」。開雲集團將這個自主開發的會計系統與經營決策整併融合在一起，持續推動兼顧環境和社會的公司治理。

開雲集團於2015年提出永續發展策略，同時公開至2025年的目標。該目標包括在2025年以前，環境負荷降低40%、二氧化碳排放量減少50%等等。這些目標在設定的時候，最重要的判斷參考就是環境損益報告。

	總公司（門市、倉庫、辦公室）	第一層供應商（組合裝配）	第二層供應商（製造生產）	第三層供應商（原料加工）	第四層供應商（原料生產）	合計（歐元）
空氣汙染						10% 8150萬
二氧化碳						37% 3億330萬
土地使用						24% 1億9140萬
固體廢棄物						5% 4350萬
水資源消耗						12% 9340萬
水質汙染						12% 9810萬
合計（歐元）	7% 6110萬	15% 1億2440萬	5% 3930萬	28% 2億2390萬	45% 8億1120萬	100% 8億1120萬

開雲集團2015年度的環境損益報告。將整體供應鏈活動所產生的環境評估並量化成貨幣金額，並以圓形圖來表示影響的大小。例如第四層供應商在土地使用和水質污染造成很大的影響。

出處：以開雲的環境損益報告為基礎，由日經ESG重新編排。

倫理金及有機棉採購原則

環境損益報告的用途為何呢？開雲的供應鏈可分為 4 層，位在第一層的供應商有受著委託生產的製衣廠，第二層有布料加工廠，第 3 層是染整工廠，第 4 層則是棉花農等。環境損益報告在每一個階段都會從空氣污染、二氧化碳、土地使用、固體廢棄物、水資源消耗以及水質污染等 6 個面向來衡量供應鏈對環境產生的負面影響，並且將該影響換算成金額。例如空氣污染是以民眾罹患呼吸系統疾病時的保險金額做換算。

2015 年度的環境損益報告評估結果如左圖。由環境損益表顯示，整體供應鏈對環境產生的負面影響成本為 8 億 1120 萬歐元。如果詳細看一下內容，可以發現總公司直接控制的環境成本部分只有 7%而已，其他的 93%全都發生在供應鏈環節，尤其是第 3 層和第 4 層的供應商占比最大。根據評估結果，開雲改善採購方式，使用可回收的材料，改進製造流程和方法等，降低對環境的負面影響，並訂出在 2025 年以前，生態與環境負荷降低 40%這一個充滿挑戰性的目標。40%如何削減呢？其中有 20%將透過試驗性計畫削減，剩下的 20%則透過各種創新予以削減。

在試驗性計畫方面，開雲集團有兩個計畫正在進行，分別是倫理黃金和有機棉。珠寶飾品等商品所使用的金礦，屬於高風險的原料，在金礦開採的現場與過程，經常伴隨著生態環境破壞、勞動剝削等。開雲集團採用了經公平貿易認證的黃金原料，以確認黃金原料來自尊重人權、符合環境標準的礦場，藉以降低風險。有機棉不使用化學藥品和殺蟲劑，則有助於減輕對生態與環境的負面影響，同時也更能保障勞工的健康。此外，開雲集團也關注製革流程，古馳是時尚業界第一個開發出新技術，確保在皮革的製造過程中沒有重金屬和鉻污染的奢侈品品牌，同時大幅節約製程的能源和水的使用量。

剩下 20%的生態與環境負荷將透過各種創新達成目標。開雲集團的永續長（CSO）瑪麗·克萊爾·達維（Marie-Claire Daveu）說道：「透過創新形成典範轉移，讓社會產生革命性的改變。這是開雲對創新的想法。」為了降低對生態環境的負擔，開雲致力於研發全新的素材和製程。目前正在研發的計畫有抽取菇類的幹細胞作成皮革材料。

環境損益報告的評估結果，集團裡每一個部門都利用得到，即便是設計部門也不例外。開雲開發了一款能夠在手機上輕鬆算出商品的生態與環境負荷量應用程式，設計師只要在手機畫面上點選商品的每一個組件的原料和供應商，程式就會算出該項商品的環境負荷。「我們希望年輕一輩的設計師了解到他們為原料、供應來源所做的選擇行為，必須對我們的生態環境、社會負責。」達維說明開發這款應用程式的意圖。

今後應該有越來越多的企業會開始評估營運活動對自然資本的影響和依賴。利用環境損益報告檢視營運活動，並將其結果內化應用在經營決策上的開雲，不失為企業仿效的範本。

身為時尚領導品牌，我們必須對消費者負起特別的責任

Marie-Claire Daveu
法國開雲集團　永續長（CSO）

照相：Léa Crespi

開雲集團每年都會發表環境損益報告的評估報告，直接用數字告訴外界，本公司包含整體供應鏈在內，對環境所造成的衝擊有多少。這份評估報告不僅匯集開雲旗下所有品牌的數據，也是整個集團共同的成績單。為了對環境負荷如何影響企業經營有全面性且具體的了解和掌握，我們以貨幣金額來衡量企業真實的成本與價值。環境損益報告的概念原本來自經營階層，經過永續部門轉化成行動，並有效地運用在我們的業務上。

以棉質襯衫為例。開雲總公司只有辦公室和專櫃門市，本身並沒有太大的二氧化碳排放量，也沒有太多的用水量。不過，環境損益報告反映出位在第四層的供應商，也就是種植棉花的農家，土地使用面積大、水資源用量多，對生態與環境造成很大的衝擊。

將上述的土地使用面積和用水量數據加以收集、彙整並換算成貨幣金額。此時會換算成因水資源缺乏帶來的營養不良等社會成本。同樣是一公升的水，對開雲總部所在的法國和棉花田所在的南非，其價值是完全不同的，因此需要借助各國的社會成本資料庫加以計算，才能得到較適切的數值；空氣污染的社會成本，則採用民眾罹患呼吸系統疾病時的保險金額做換算基準。至於用來收集數據的問卷調查和將影響轉換成貨幣金額的工具跟方法，則由英國 PwC（Price waterhouse Coopers，全球四大會計師事務所之一）獨立開發完成。

從 2015 年度的環境損益報告評估報告可以看到，93％的環境生態成本發生在供應鏈上。這個事實讓轉換思路成為我們必然的選擇，於是，我們積極使用對環境影響較小的有機棉，強化製程技術，例如研發出不使用重金屬的製革工藝等。

我們也依據環境損益報告訂出與營業額相應的環境負荷，同時宣示在

2025年以前要削減40%的環境負荷，其中的20%透過試驗性計畫削減，另外的20%則透過各種創新予以削減。特別是在創新方面，開雲期盼能夠形成典範轉移，使這個社會發生變革。所以，開雲積極展開素材革命，不僅僅是材料本身的性質，開雲想從纖維開始就找出可以替代的原料。目前正在研發的技術有將菇類的幹細胞（菌絲體）製作成植物性皮革的計畫。為了開發全新的替代原料和新製程，開雲也成立了素材創新研究所。

透過行動裝置教導年輕世代相關原料知識

除了生態環境以外，開雲也致力在供應鏈中，推行人權和社會的責任行為。我們制定環境、安全和社會有關的行為規範和標準，並要求供應商必須承諾遵守規範及標準。而且我們會對主要供應商實施稽核作業，這些供應商大多集中在義大利、以工匠為主的歐洲中、小企業，總數超過2500多家。假如發現他們未能遵守規範，會輔導督促改善，同時也會針對技能發展進行相關的培訓計畫。

我們針對學設計的學生開發出一款手機應用程式，這些未來的設計師可以在手機上計算產品的環境負荷。這款應用程式是環境損益報告的簡易版，學生在設計服裝或袋包的時候，只要在手機螢幕上點選商品每一個組件所使用的原料和產地，該程式就會算出商品的生態環境負荷。這一個應用程式是為了讓年輕一輩的設計師了解他們必須為自己選擇的材料及來源負責。

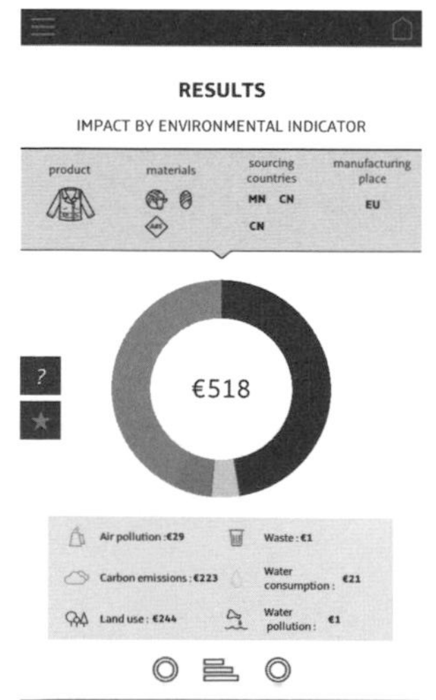

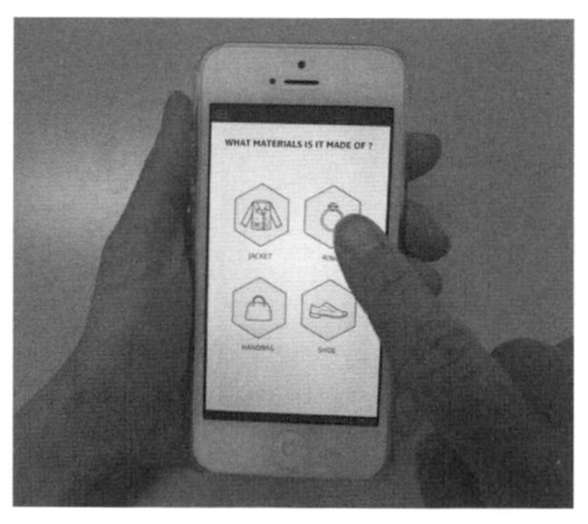

透過手機應用程式可以學習到衣服、包包的產地不同、材料不同，所產生的環境負荷也就不同。出處：藤田香

消費者也能下載這個應用程式。最近的年輕人對永續議題抱持著高度的關心，越來越多的消費者在門市選購商品時，會詢問與原料和產地有關的溯源問題，這種現象在2000年以後出生的千禧世代身上更為明顯。

「自然資本議定書」的標準在草擬時，也參考了本公司的環境損益報告。自然資本議定書提供的是評估的流程步驟，至於評估的工具、方法則由企業自行選擇；不過，開雲希望各行各業都能夠多多利用本公司使用的評估方法。我們之所以公開評估方法，就是希望除了服裝產業以外的其他眾多產業，也能加以採納應用。開雲公開的不僅是評估方法而已，我們也開誠佈公地將環境損益報告的評估結果公諸於世，對實現永續來說，透明性非常重要。

正因為時尚名牌的事業是走在流行尖端的事業，所以，對消費者負有特別的責任。永續不是「選項之一」，永續是「必要不可欠缺」的要件，永續是經營管理的關鍵。開雲在2015年提出的永續發展策略，除了將地球生態環境納入營運考量以外，還增加了另外兩大支柱：合作和創新。與公司內、外部的同仁、社群合作，出現了前所未有的重要性，員工無論擔任何種職務，都沒有男女的差別待遇，公司也注重工作與生活兩者間的平衡，開雲以成為最佳雇主為目標。開雲在公司外，支援職人的技術和社區，在美國、英國、中國等地也以大學生為對象提供訓練課程。

對能夠帶動社會產生價值觀變革的典範移轉來說，創新是很重要的元素。創造更具韌性與永續性的業務模式勢在必行。

Walmart 對永續海鮮的堅持與努力

美國最大的連鎖零售商 Walmart（沃爾瑪）在 2016 年 11 月提出到 2025 年的永續目標及策略藍圖。這一策略藍圖建立在 3 大目標上，亦即「營運零廢棄」、「百分之百使用可再生能源」以及「兼顧生態環境與可永續利用天然資源的商品」。其中，在「兼顧環境、可永續利用天然資源的商品」方面，沃爾瑪將擴大採購具永續性的 20 種主要產品，例如香蕉和咖啡等。甚至於棕櫚油、牛肉等品項，也要增加對沒有破壞森林行為的供應商採購。此外，沃爾瑪預計也將關注在大豆、紙張／紙漿等品類。

在各項自然資本當中，沃爾瑪最早關注的是水產資源，自 2005 年起就開始採購具永續性的水產物。目前在美國販售的野生魚獲中，有 35.9% 的比例來自經海洋管理委員會（MSC）或全球永續水產倡議（GSSI）體系認證的水產品，其餘上架的漁產品雖然未取得生態標籤認證，但皆是已在進行漁業改進計畫（FIP）的漁獲。另外，在養殖水產品方面，99% 都是通過最佳水產養殖規範（BAP）認證的養殖漁。沃爾瑪計畫在 2025 年底前，旗下位於英美、加拿大、巴西、墨西哥和中美洲的店舖只販售經過認證的永續海鮮。

聯合國糧食及農業組織（FAO）指出，全球的漁業資源大約有 3 成的野生漁獲量屬於過度撈捕魚種，有 6 成的魚種面臨產量無法再提升的狀態。沃爾瑪的永續長（CSO）凱薩琳·麥克拉芙琳（Kathleen

美國沃爾瑪的永續長凱薩琳・麥克拉芙琳強調，就食品安全面向來看，水產資源也據於重要位置。出處：藤田香

McLaughlin）說：「全世界有10億人以魚類為主要蛋白質來源，有2億人以水產業為主要收入來源，從食安的角度來看，水產資源異常重要。」麥克拉芙琳強調說：「沃爾瑪把海產事業的經營目的，定義為創造共享價值，並致力於此。」

近年來，國際間持續關注海洋漁業層出不窮的違法撈捕和強迫勞動問題，為了不讓通路中混入非法水產品，麥克拉芙琳說：「沃爾瑪強化溯源制度，並加強水產品流通的透明化。」

Walmart 為超過 6000 家公司的產品進行永續性評級

對供應鏈具有莫大影響力的沃爾瑪，也開始發展一項新的計畫，以促使供應商一起邁向永續。該計畫始自2015年，沃爾瑪針對供應商的永續性進行「評等」，只有被評為永續績效良好的產品，才能夠在沃爾瑪的線上購物網站販售，並且被掛上「永續先行者」（Sustainability Leaders）標籤。沃爾瑪為此也制定了「永續商品指標」作為評估供應商永續表現的標準。

沃爾瑪的永續指標依照清潔用品等產品的種類分別制定，不同種類的產品有不同的評估指標，沃爾瑪從「具有多少永續性」為各個廠商的產品評分，滿分為100分。主要的評分要素有（1）能源和氣候變遷、（2）材料效益、（3）天然資源以及（4）對民眾和社區的影響。

首先，沃爾瑪按照產品類別做出計分模型，例如衣物用的洗潔劑在「製造／加工」和「運輸／加工／販售」過程對能源消耗和氣候變遷的影響最大，因此，將這兩個階段定義為該產品減碳的關鍵熱點，只要針對關鍵熱點加以改善，就可以降低對環境的負荷。沃爾瑪總共做了700種商品的評估模型，然後他們向製造商寄發問卷，邀請其回覆問卷，再依評估模型即可自動計算出得分。

評分成果沃爾瑪和受評分廠商共享，雙方可以由此了解產品從原料採購到廢棄，對環境與社會的影響，從而進行改善。消費者也可以從沃爾瑪此次推出的線上購物網站，看到通過評量產品及相關永續資訊。

沃爾瑪之所以實施「永續商品指標」，是因為公司經營方針調整。2008年，沃爾瑪把品牌標語由「always low prices（天天最優惠）」改為「save money, live better（省點錢，生活會更好）」。當時，沃爾瑪的業績蒸蒸日上，但來自社會各界的負面批評卻如排山倒海襲來：「沃爾瑪讓開發中國家的勞工在惡劣的環境下工作」、「沃爾瑪的新門市破壞當地社區的生態」等等。於是，當時的執行長李・史考特 Lee Scott 宣示要透過事業實現永續。

■ Walmart 的「永續商品指標」

出處：由日經 ESG 整理 Walmart 的資料

洗潔劑的永續性評估模型（例）　表示負荷較大的項目

A 公司的洗潔劑得分

	原料	製造加工	運輸・加工販售	使用	廢棄	再利用	分數
能源和氣候變遷							6
材料效益							20
環境資源保護							15
民眾和社區							18
						邀請供應商回覆問卷	59（滿分為 100 分）

各公司的得分

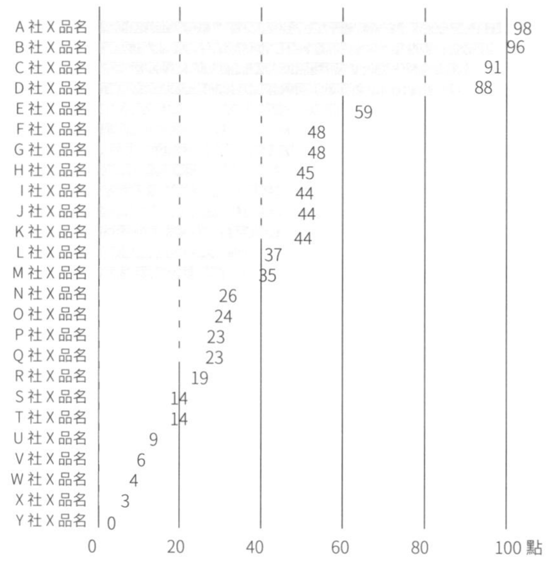

沃爾瑪「永續商品指標」的評分方式。依照商品的類別設定不同的評估指標，為各個廠商的商品評分，滿分為 100 分。

「『生活會更好』包含著雙重的意義，一是『對消費者和地方而言有更好的生活』，另一則是『對地球生態環境而言有更好的生活』。」沃爾瑪旗下西友超市的業務負責人說道。更好的生活和便宜的價格並不是背道而馳的兩件事，把保護生態環境及保障人權納入經營管理，往往被認為會墊高經營成本，不過，省能源和省資源是為了避免不必要的浪費，根本上是節省成本的做法。反而是對人權議題等忽視不理，長久以往必定形成風險，自然增加管理成本。

「商品要對地球環境友善、對地方社會有益，而且還要價格便宜，更要有永續性，這樣的商品究竟是怎麼樣的商品呢？思考到最後，就出現了『永續商品指標』的概念。」業務負責人做了以上的補充說明。永續商品指標由沃爾瑪擔任領頭羊的永續發展聯盟（The Sustainability Consortium）共同開發。

該聯盟成員包括美國亞利桑納大學，企業界代表包括英荷的聯合利華、美國可口可樂等，超過 100 多家企業加入，此外還有國際非營利組織。沃爾瑪將依據該指標為美國企業（產品供應商）進行產品永續性評估，總共評估了超過 6000 家廠商的產品。

「以前，即便是同一類的產品，也會因為製造商不同而有不同的永續性評估和訴求。有的人喊『本公司的產品能夠節能減碳』，也有人標榜『本公司的產品能夠保護熱帶雨林。』各自著眼於對自己有利的部分，各自做各自的訴求。不過，這種各自為政的做法，消費者是沒有辦法做比較的。現在透過沃爾瑪的指標，所有的商品都站在同一條基準線上，如此一來，廠商也比較清楚自己的弱項在哪裡？該如何改進，進而降低成本。」（西友的業務負責人）。

線上購物網站的開辦，也可以讓消費者了解到製造商在永續方面所做的努力，例如如何保護天然資源，如何耕耘企業與人和社區的關係。涵括了製造商和消費者的價值鏈，彼此間有效的溝通將有助於整體社會永續意識的發展與定錨。

IKEA 使用的認證木材可堆成 13 座東京巨蛋

走過 IKEA 船橋店的一角，消費者可以看到「今天的晚餐交給 IKEA」、「負責任的海鮮採購」等斗大的文字映入眼簾。IKEA 是一家瑞典企業，也是大家耳熟能詳的傢俱品牌。雖然賣的是家具，不過，店內的餐廳和食品賣場也經常人氣爆棚。

IKEA 不遺餘力地支持推動永續採購，很意外地鮮少有人知道。IKEA 的家具原料不是來自森林管理協會（FSC）認證的森林，就是使用管理木材或回收木料製作。IKEA 旗下所有的分店，只販售經過海洋管理協會（MSC）認證的野生撈捕魚貨或者經過水產養殖管理協會（ASC）認證的人工養殖漁。

IKEA 每年約使用 1612 萬噸的木材在傢俱製造上，堆疊起來可堆出 13 座東京巨蛋，對零售業而言，這個數字可說是全球少有。目前 IKEA 所使用的木材，45%採自經過 FSC 認證的森林，5%來自回收木材，另外有 48%不是 FSC 認證木材，但在合法性、環境面、社會面皆符合規範、且是已經通過第三方驗證的管理木材。IKEA 是全球零售業在 FSC 認證木材最大的買家。

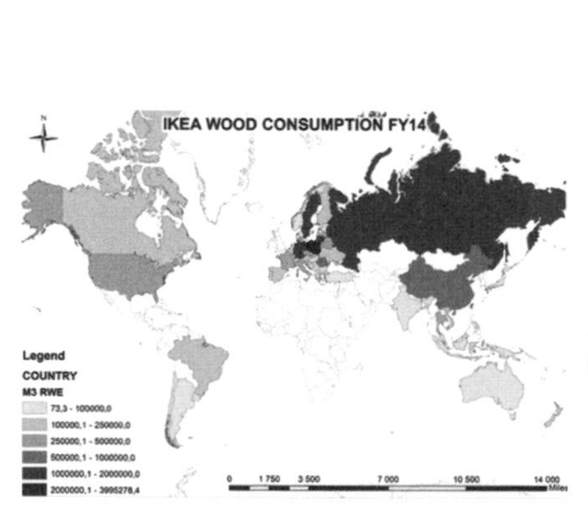

IKEA 所使用的木材，將近有一半是 FSC 認證木材。IKEA 藉由自主導入的系統，一眼就可以看出非法木材的風險及數量。出處：日本 IKEA

對於家具以外的採購，IKEA 同樣堅持永續性。旗下各分店門市內的餐廳和食品賣場，只販售 ASC 認證和 MSC 認證的永續海鮮。
出處：藤田香

自 2012 年開始擔任 IKEA 集團永續長的史提夫・霍華（Steve Howard）是為 IKEA 規劃永續發展策略的靈魂人物。日本 IKEA 的八木俊明說道：「永續不是靠 CSR，永續必須靠經營，而且必須納入商業模式，並將它定位為成長戰略的一部分。」所以，無論是採購、物流或零售，只要是 IKEA 組織內的部門，都必須訂定永續的目標和行動計畫。

不論是木材、棉花和水產品等原物料，都訂有具體的目標。例如，永續來源的木材原料在 2020 年以前達到 100%，而且，該原料不是來自回收木頭零售業就是 FSC 認證林場木材。製作窗簾等原料的棉花，在 2015 年將達到 100% 使用取得棉花倡議（The Better Cotton Initiative）認證的環保棉花（2015 年已達成目標）。水產品也朝著完全使用永續來源（MSC 認證和 ASC 認證的永續海鮮，或是世界自然保護基金會（WWF）「海產消費者指南」當中標記的「建議食用魚種」）海鮮的目標前進。

只要通過認證，即可獲得長期合作的保證

家具製造所使用的木材是 IKEA 最大宗的原料。採購的木材大部分來自波蘭、俄羅斯和立陶宛。IKEA 制定一套負責任的採購準則，確保原料不是非法砍伐的木材，也沒有涉及高保育價值的森林議題，同時也藉此排除掉強制更新種植為天然林的林木，確保所採購原料皆為 100% 全程可溯源的透明木材。

為了排除非法木材，IKEA 自行建立了一套系統，該系統將高風險地區

標示在地圖上，並且摘要載入供應商的每季報告，使用者可以很清楚地看到區域風險和採購數量。

IKEA 的第一層供應商，如家具製造商等總共有 978 家。IKEA 承諾「只要廠商取得 FSC 的產銷監管鏈（CoC）認證，就可以獲得長期交易合約。」在這個承諾的激勵下，已經有 72％的供應商取得 CoC 認證。能夠越快掌握到越多高品質的木材資源，就能夠得到以量制價的好處。

「我們必須確保 100 年以後還有健全的森林能留給後代，讓他們也能生產做家具，所以，IKEA 現在必須致力於 FSC 認證的取得，透過負責任的長期採購來保護世界的林地。」八木說明了 IKEA 的意圖。歐盟木材法案和美國雷斯法案修正案（Lacey Act Amendment）等規範木材交易的法令相繼上路，這些法令要求企業需執行盡職調查，提出非法木材的風險評估與風險減緩的作法。

德國甚至規定廠商必須在 48 小時內申報木材的出處來源地。為了符合規定，IKEA 的德國分店建立了產品管理系統，按供應商編號、產品製造批號、製造日期等建檔控管，店員只要輸入產品編號，馬上就可以調出完整的溯源履歷。

在水產品部分，IKEA 位於全球 47 個國家 328 間分店都已經取得 MSC 和 ASC 的 CoC 認證。日本分店也在 2015 年 8 月通過 CoC 認證，販售 ASC 的養殖鮭魚和 MSC 的黃金鰈魚、蝦子等永續海鮮。

IKEA 的永續理念不僅展現在主要原料木材上頭也在其他產品中融入永續性，例如棉花、水產品等諸多品項制定採購標準。身為環境先進國家瑞典的企業，IKEA 的企業形象始終符合永續經營的哲學。

Google 開發遏阻非法捕魚的智能化工具

全球最大的搜索引擎公司 Google，針對自然資本保育，正在執行兩個耐人尋味的計畫。一個是為了監控非法漁業所開發的全球漁業追蹤系統計畫，另一個則是為員工餐廳提供永續伙食計畫。

全球有 1~3 成的漁獲量來自非法、未報告、不受規範（IUU）的捕撈行為。IUU 漁業行為普遍存在而且嚴重。為了打擊 IUU 漁業，各國紛紛祭出法令規範。歐盟對進口國要求加強管理，進口國須依規定提出資源管理狀況報告書和法令遵循證明書，未依規定提出者不得出口漁產品至歐盟。美國也自 2018 年 1 月起開始實施相關規範措施。

為了遏止 IUU 行為耗竭海洋資源，Google 與海洋保育組織 Oceana、地圖繪製組織 SkyTruth 共同合作開發全球漁業追蹤系統「Global Fishing Watch」。Oceana 為好萊塢影星李奧納多狄卡皮歐所創立的非營利組織，由財團法人李奧納多狄卡皮歐基金會贊助其營運經費。

依據國際海事組織（IMO）的規定，大型船隻皆須裝設自動船舶識別系統，公開發送他們在海上的所在位置、航行速度等資訊。衛星收集這些發自大海上的信號後，會儲存在 Google 的雲端資料庫，SkyTruth 的分析師再使用這些資料觀察船隻的動向，根據船隻的移動模式判定哪些船隻是漁船、他們使用的漁具等。Global Fishing Watch 以接近即時的方式，監測追蹤船隻的活動，將船隻捕魚的地點和時間標示在 Google 地圖上並予以公開。

在這套系統工具的監控下，違法於海洋保護區從事捕魚活動的非法漁船將無所遁形，以不當的拖網捕魚方式，造成大小通吃結果的漁船也會被揪出。該系統也可作為有效、確實的水產品溯源工具。

非法海上轉運漁獲最近成為一大問題。非法捕魚的漁船躲在公海，與待機的大型冷凍船對接，進行海上非法交易漁獲，藉以隱蔽具非法行為。Oceana 的賈桂琳・薩比茲（Jackie Savitz）說道：「根據系統分析的結果，發現在俄羅斯堪察加半島的鄂霍次克海以及阿根廷海面、祕魯海面有疑似非法海上轉運漁獲的行為。」

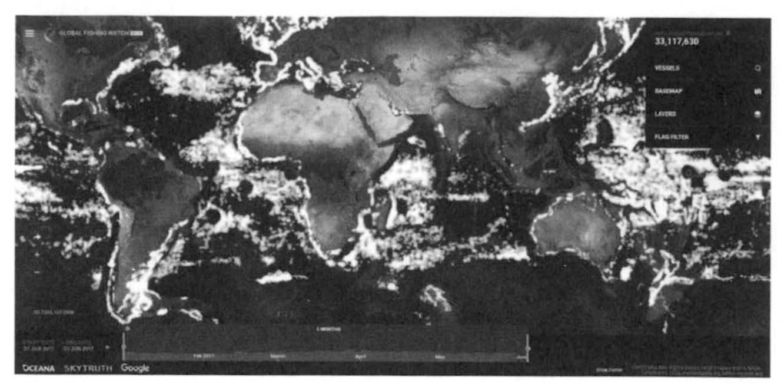

由 Google 等共同開發的 Global Fishing Watch（全球漁業觀測站）系統工具，以白色光點顯示漁船的位置，以紅框表示保護區，使用者可以藉此找出違法漁船。出處：引用自全球漁業觀測站的首頁

目前，包括企業和政府機關在內，已有 4 萬筆資料登錄該系統，應用該系統提供的資料。

員工餐廳的魚類料理全面採用永續海鮮

說到 Google 的員工餐廳，一向以「免費、自助無限」聞名。實際上，其完整的餐飲規劃，在食材供應標準上也包含了對友善環境和保障人權的堅持。

該餐廳由Google Food和全球最大的餐飲服務公司金巴斯集團（Compass Group）共同營運。金巴斯集團的海倫・約克參考美國蒙特雷灣水族館的海鮮觀察（Seafood Watch），制定了該集團選用魚類食材的標準。海鮮觀察是目前深具影響力的海鮮評價體系之一，依資源數量、漁具漁法的友善性判斷各類魚種的永續性，並以「紅（避免食用）」、「黃（想清楚再吃）」、「綠（建議食用）」三種顏色對海鮮購買進行分類。海倫利用海鮮觀察的顏色指示，制定出哪些魚可買、那些魚不可買的魚類採購規範標準。

該標準包括野生捕撈的天然魚只採購黃色和綠色的魚種，一律不採購空運進口的魚。紅色的魚種則以風味、口感相似，永續性更高的魚品替代。根據約克的說法，金巴斯集團在 Google 北加州事業所每週提供的餐食高達 300 萬份。「按照海鮮觀察的顏色建議，我們每年採購的永續海鮮有 100 萬磅（453 噸）之多。」

永續員工餐廳的計畫也在日本展開。西洋食品 Compass Group 和日本

Google 開始合作，「日本的員工餐廳一講到環境考量，首先要做的是通過 ISO14001 驗證，因此，很少有企業會在食材上追求永續性或倫理採購。」西洋食品 Compass Group 的社長幸島武指出美、日企業的差異性。

雖說如此，但因應東京奧運制定的永續性水產物供應相關標準，已在 2017 年 3 月發布。此後，日本全國上下在永續海鮮方面必須有相應的作為。現在，超市、飯店也開始推出永續海鮮（請參考第 94 頁）。預期企業所屬員工餐廳的食材也會越來越永續。

4

自然資本的定量評估與 ESG 資訊揭露

自然資本的定量評估方法
LCA 及 TOP- DOWN 方式

國際上已經開始進行定量性的評估。由世界企業永續發展委員會（WBCSD）和 GRI 等擔任董事成員的「自然資本聯盟」，於 2016 年 7 月發表「自然資本議定書（Natural Capital Protocol，NCP）」，建立標準化的方法和步驟協助企業衡量、管理對自然資本的影響和依賴程度。

超過 150 個組織參與的標準化評估框架

自然資本聯盟是一個全球性的開放組織，由一群將自然資本納入經營管理的企業、國際機構和 NGO 等組成。除了 WBCSD 以外，成員還有與 ESG 議題有關的，如制定 ESG 資訊揭露框架──CDP、GRI 等準則的組織，世界銀行、國際金融公司（IFC）等金融機構，國際自然保護聯盟（IUCN）、美國保護國際基金會（Conservation International，CI）等 NGO。

民間企業則有陶氏化學（Dow Chemical Company）、雀巢公司（Nestlé）等跨國機構以及英國 PwC（PricewaterhouseCoopers，臺灣資誠為其分支）、荷蘭 KPMG（臺灣安侯建業為其分支）等大型會計審計專業機構加入。全體成員超過 150 個組織，日本只有 E-square 株式會社和產業環境管理協會（產環協）兩個團體參加。

自然資本議定書定量評估自然資本的方法，總共有 10 個步驟。自然資本議定書開宗明義說明評估自然資本的目的，並且訂出評估範圍的框架。企業依據這個框架辨別出自身企業營運所產生的重大性衝擊與資源依賴性，接著對自然資本進行分析與量測，將企業活動對自然資本造成的環境損益（成本）轉換成具體的、有價的貨幣。最後，評估結果作為營運管理決策的參考。

自然資本議定書體系下也另外制定了數個「業別指南」，例如服飾業指南、食品暨飲料業指南。十分建議企業能夠以此為範本，據以推動自然資本定量評估，預期業別指南今後也會擴及到各行各業。加入自然資本聯盟的企業也展開了使用該議定書，進行定量評估的實證計畫。

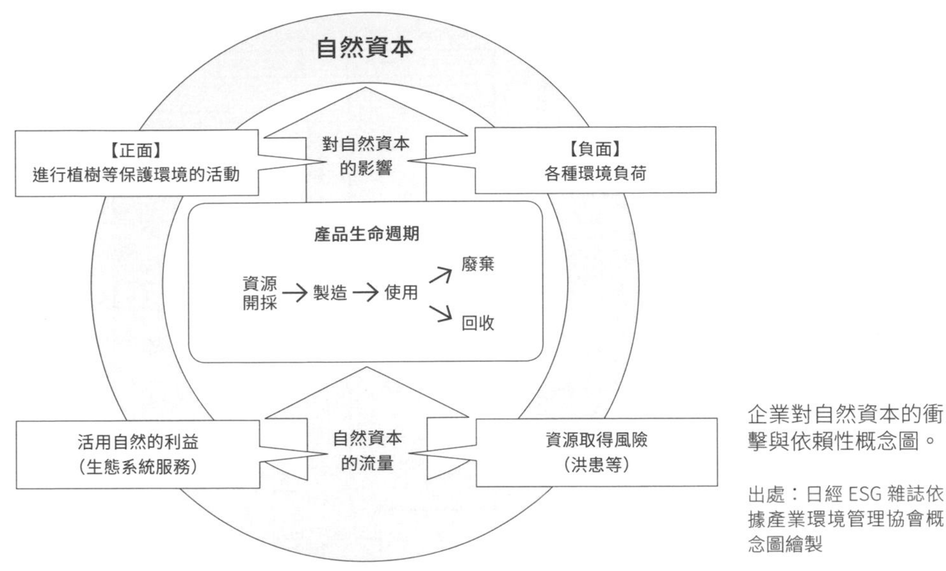

企業對自然資本的衝擊與依賴性概念圖。

出處：日經 ESG 雜誌依據產業環境管理協會概念圖繪製

包含美國的陶氏化學和瑞士的雀巢集團等 50 家企業，已有 8~9 個實驗計畫正在執行中。

自然資本議定書主要是提供企業評估自然資本的框架和流程，本身並不發展評估的方法和工具，究竟要使用何種方法、工具？由企業自行決定。現在，自然資本聯盟也已彙整了幾個常見的工具方法，以現時點來說，較具代表性的方法有以下兩個。

第 1 個方法是 LCA（生命週期評估法，Life Cycle Assessment）。所謂的 LCA 是指「產品或服務從原料取得、製造、物流銷售、使用到廢棄等各個階段的生命週期過程中，各項資源、能源的投入與環境污染物質、廢棄物的產出，對生態環境所造成的衝擊的評估。另一個則是以企業採購原物料金額作為對生態環境的影響貨幣化的估算方法，這個方法是由英國 PwC 與英國 Trucost 共同合力研究開發完成。接下來讓我們看一下運用這兩個方法評估自然資本的案例。

由東京都市大學伊坪德宏教授開發的「被害算定型影響評價法（Life-cycle Impact Assessment Method based on Endpoint Modeling，LIME2）」系統，即屬於 LCA 類別的衝擊評估法之一。LIME2 從企業的原物料使用量來去計算營運過程中耗費資源及排出的污染物質，換算成外部成本。外部成本則包含「人體健康」、「社會資產」、「一次性生產」及

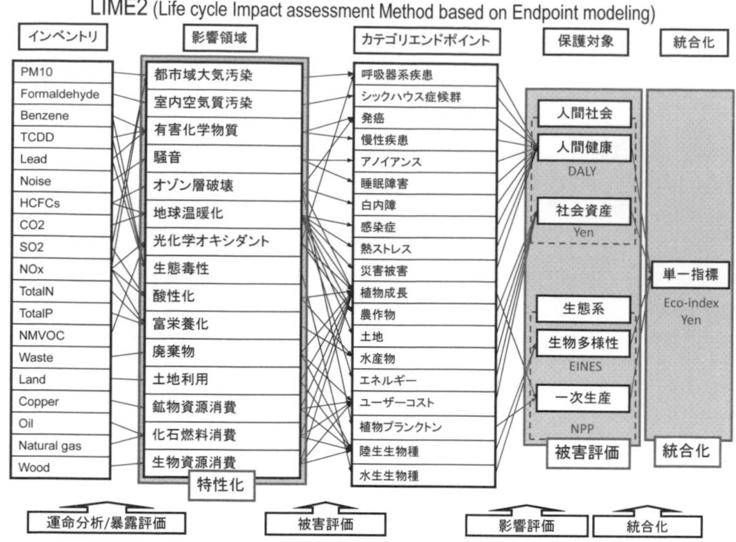

被害算定型影響評量法（LIME2）。從企業的原物料投入量去計算企業營運過程中消費的資源及排出的汙染物質，並將其換算成外部成本。

出處：東京都市大學　伊坪德宏教授

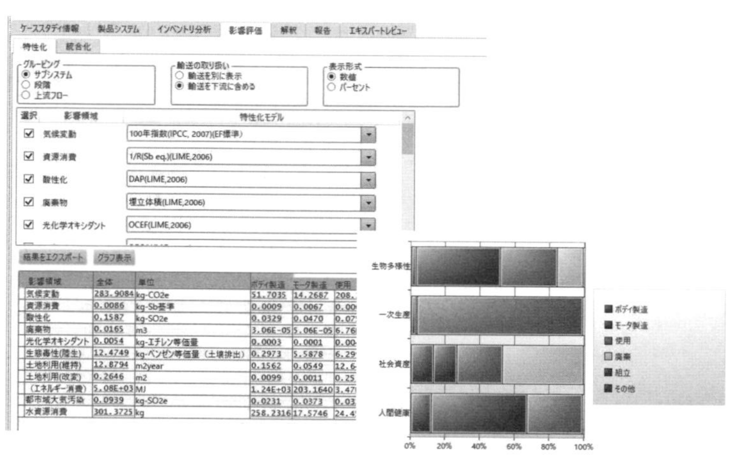

採用被害算定型影響評價法 LIME2 的生命週期評估工具，其搭載之評估軟體為 MiLCA，圖為擷取自 MiLCA 的輸出畫面。MiLCA 可將對生物多樣性及社會資產等衝擊評價結果換算成貨幣金額。出處：產業環境管理協會

「生物多樣性」等 4 個受保護的對象。

人體的健康會受到何種程度的損害？會造成何種程度的生物多樣性損失等等，經評估量化成外部成本。這些外部成本，也就是企業營運對環境造成

的衝擊，經過整合之後，最後予以貨幣化成環境受害金額。

產業環境管理協會提供的LIME2系統搭載生命週期評估軟體為「MiLCA」。企業只要輸入原物料數據，MiLCA就會算出生物多樣性和社會資產等的外部成本。MiLCA的資料庫涵蓋3800多筆細項資料，企業在輸入必要資料時需要耗費較多的時間，但費用相對較低。

採用這個方法來做整體供應鏈自然資本定量評估的企業有積水化學工業，以及加入JBIB（Japan Business Initiative for Biodiversity，日本企業與生物多樣性倡議組織）自然資本研究小組的企業。

積水化學以生命週期評估法，計算出對自然的回饋金額

積水化學工業將整個集團對自然資本的衝擊及貢獻換算成具體數字，該數字也作為公司監控環境經營進度是否如期達成的關鍵績效指標（KPI）。該公司同時揭示以「致力於回饋自然資本，實現擁有生物多樣性的地球」為2030年的環境願景。

起初積水化學以「實現減碳」作為環境的未來願景，透過淨水器、VOC（Volatile Organic Compounds，揮發性有機化合物）減量裝置等友善環境製品的銷售，降低二氧化碳的排放量，對減碳作出具體貢獻。然而在這過程中，積水化學也思索除了減碳以外其他可以保護地球自然資本的課題。

CSR部環境經營小組阿部弘組長說：「本公司對環境保護有全面性的規劃，並且認為核心重點擺在對自然資本做出貢獻是恰當而且實際的。」因此，積水化學把環境方面的未來願景變更為「致力於回饋自然資本」。

為了瞭解整個集團的業務活動對地球「自然資本的增加」究竟做出多少貢獻？積水化學於2012年導入MiLCA，從擴大友善環境產品、降低環境負荷以及保護自然環境活動等，計算出應該返還給地球的部分，也就是對地球的回饋。具體作為包含增加友善環境產品品項的開發，有效改善樹脂工廠的排放水對水生生物的影響，保護自然環境的活動則有事業所的綠地養護方案等。

從 2016 年度的評量結果來看，如果把積水化學利用自然資本的部分當成100分，那麼，算出來對自然資本的回饋為76.9分，與2014年相比，分數提高了 12.4 分。積水化學將 2017 年度的回饋目標訂為 90 分，同時也宣布 2030 年的回饋目標將超過 100 分。

理光、普利司通進行重大性議題鑑別

已有大日本印刷、理光（RICOH）和普利司通（Bridgestone）等公司加入的 JBIB 自然資本研究小組，採用 LIME2 為各公司評估公司對自然資本的影響。從結果得知，大日本印刷在用紙方面對環境造成的負荷很大，該公司雖然已經有紙張相關的採購原則，不過，仍依據評估結果重新檢討今後的採購方針。普利司通的結果則反映出其供應練中的天然橡膠生產環節，對土地利用造成很大的衝擊。理光的評估結果顯示如同預期一般紙材為高風險項目，不過，隨著樹脂生產也出現了高度的用水風險，這一點則是出乎理光的意料之外。

「透過評估，除了讓我們看到了原本就看得見的風險以外，其他看不見的風險也變得可見了。評估報告還可以用來作為對外說明的佐證資料，讓我們對外溝通更容易。現在我們可以毫不猶豫地說：『根據評估結果，必須要努力降低紙材風險。』」大日本印刷 CSR 環境部的鈴木由香說明了使用 LCA 定量評估自然資本的好處。

評估自然資本的第 2 個方法則有 PwC、英國 Trucost 等公司開發的工具。「ESCHER」就是由 PwC 主導、開發的自然資本評估工具，使用者只要依照國際產業關聯表所列的 57 個原料分類，輸入該原料的全年度採購金額，ESCHER 就能夠結合地區與地區間的貿易流量，計算出相關的用水量、土地使用面積及溫室氣體排放量等環境損益總量，並予以貨幣化。

企業僅需向 PwC 提供採購原料的全年度總金額，惟前述的原料採購數據須按照「全球貿易分析模型（Global Trade Analysis Project，GTAP）」所涵蓋的129個國家或地區、57個產業原料的分類提出。借助這些數據，ESCHER 即可算出供應鏈帶給自然資本的負荷。

以購買鐵材為例。假設企業透過日本國內的貿易公司購入鐵材，只要提交給 PwC「種類：鐵材；國家：日本；採購金額：100 萬美元」的資訊即可。ESCHER 的資料庫裡有各國鐵礦砂在日本鋼鐵產量中所佔的比例，透過這些貿易數據，計算出與鐵材採購有關的所有用水量，包括在日本境內的用水量以及其他國家的用水量。土地使用面積和溫室氣體排放量也是採用相同的計算方式。只需逐筆輸入企業採購的所有原料種類，ESCHER 就會算出整體供應鏈的環境損益總量，最後以金額表示，將該損益換算成社會成本。

日產透過 PwC 的方法將環境損益換算成金額

若用 PwC 的方法推算自然資本負荷，只需要收集原料的採購金額即可，只是這項工具的服務費用較高。目前有麒麟和日產汽車（NISSAN）使用。

麒麟集團透過 PwC 的方法評估自然資本負荷，結果發現供應鏈的用水量是麒麟本身的 7 倍，土地使用方面，供應鏈是麒麟本身的 593 倍。評估結果也顯示，麒麟在水資源壓力大的澳洲、美國等地，出現較大的用水量，尤其在乳製品和麥芽・葡萄酒等項目，呈現常態性大量用水。麒麟把 PwC 的分析結果運用在供應商的風險管理，同時針對水資源風險制定管理機制，並做為 CDP 水專案問卷的回覆答案。

日產以整條供應鏈為評估對象，評估的結果如第 196 頁。各個階段對生態環境的負荷皆已換算成金額（圓圈越大代表金額越高）。環境負荷的項目如溫室氣體排放、空氣污染、土地利用、用水量以及廢棄物等等，都被換算成金額，很容易就可以做出比較。從結果來看，日產在原料開採和消費者使用這兩個階段，造成較大的生態環境負荷。就用

■ 積水化學工業將營運對自然資本的影響定量化

積水化學工業將營運活動中，利用自然資本的部分以及透過推出環保產品等方式回饋自然資本的部分，予以量化。2016 年度若將利用的部分當成 100 分，那麼，對自然資本的回饋為 76.9 分。
出處：積水化學工業

■ PwC 的自然資本評估工具

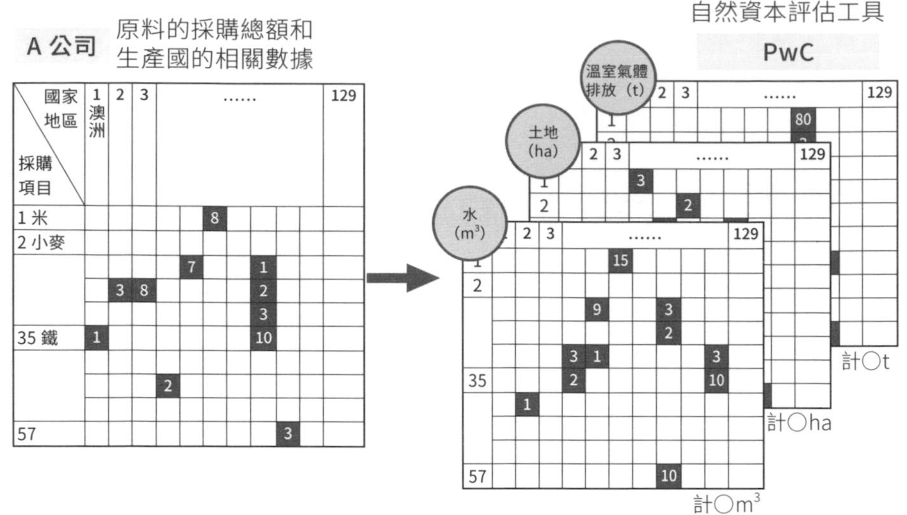

只要提出 57 種原料的全年度採購金額，PwC 的工具就可以計算出整體供應鏈對環境造成的損益總量。出處：PwC 資料由日經 ESG 整理

水量來說，如果將日產總公司當成 1 的話，供應鏈上游的用水量是日產總公司的 22 倍。該公司經營戰略室環境戰略負責人田川裕美表示：「透過這個評估方式可以對水資源風險有一個整體性的了解，我們也根據評估結果自主調查公司主要依賴哪個地區的哪個水系，以掌握風險中比較細微的部分。」

日產也參加 CDP 供應鏈計畫（Supply Chain Program），由 CDP 向其 3000 家供應商中的 500 家發送問卷，邀請供應商回覆有關氣候變遷和水資源的風險與機會。日產則將供應商回覆的答案視為風險辨識、掌握細節的參考資料。針對營運對環境造成的負荷，日產透過 ESCHER 進行全盤的了解，為了確實掌握環境負荷上的風險，致力於自主調查並且善用供應商對 CDP 問卷的答案。

三井住友信託全球首創「自然資本評等融資」

企業依循自然資本議定書進行自然資本定量評估之後，目前大多將分析結果運用在經營策略上。不過，也有企業開始將分析結果用於資訊揭露。由於評估報告具有客觀的科學根據，也鑑別出特定的風險，所以，企業就會拿來當做與外部溝通的工具，或做回覆 CDP 問卷等資訊揭露的用途。

■ 日產汽車採用自然資本定量評估

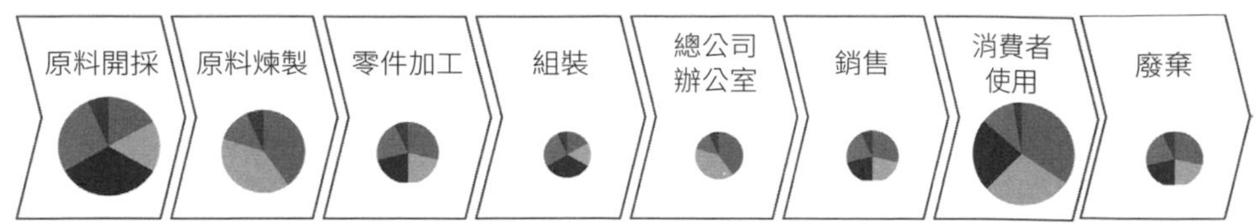

日產汽車採用 PwC 的 ESCHER，以整體供應鏈為評估對象，將營運活動對環境的負荷予以貨幣化。環境負荷的項目共有溫室氣體排放、空氣汙染、土地利用、用水量以及廢棄物等 5 項。由圖可知，供應鏈上游的水資源成本相當大。出處：NISSAN

現在連金融機構也開始將定量評估與資訊揭露掛勾。我們可以看到已經有金融機構在對企業進行信用評等時，將是否完成自然資本定量評估並鑑別出風險，列為可獲得較高信用評等的條件。三井住友信託銀行於 2013 年，領先全球第一個推出「自然資本評等融資」，針對進行自然資本定量評估的企業，給予優惠的融資條件。該公司經營企劃部理事，同時也是 CSR 擔當部長的金井司坦誠地說：「注重自然資本的企業，資源使用效率高，永續經營的機率也高。我們會給這樣子的企業融資風險較低的評價。」

三井住友信託銀行是里約 +20 峰會上，唯一簽署「自然資本宣言」的日本金融機構。基於該宣言，三井住友信託銀行將自然資本的觀點融入融資等金融商品中，落實實踐的就是這項「自然資本評等融資」。這項融資服務會給重視自然資本經營的企業高評等，並提供優惠利率貸款。提出申請的企業需要回答 60~70 個相關題目。三井住友信託銀行則就企業的回答進行審查並作出評核，評核的重點在於企業是否確實掌握營運活動帶給自然資本的負荷。如何確實掌握呢？三井住友信託銀行推薦 PwC 的 ESCHER 作為企業測量自然資本負荷的工具。三井住友信託銀行還與 PwC 合作，共同推出專案優惠服務，企業在貸款的同時如果也申請評估，就可以以低於市價的折扣使用 ESCHER 這項定量評估工具。

生產自動販賣機及車載空調壓縮機的大型企業三電控股公司便利用了這項服務，透過 ESCHER 定量評估營運活動對自然資本的影響，申請到 20 億日圓的融資。

ESCHER 分析出現令三電環境統整室的齊藤好弘倍感驚訝的結果，發現供應鏈上游存在著出人意表的風險。三電自身的用水量是 73 萬公

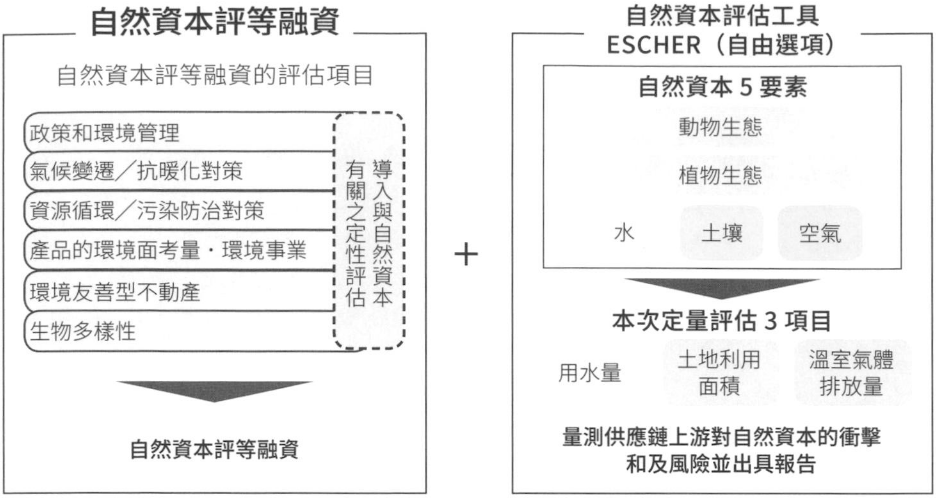

自然資本評等融資

自然資本評等融資的評估項目

政策和環境管理
氣候變遷／抗暖化對策
資源循環／污染防治對策
產品的環境面考量・環境事業
環境友善型不動產
生物多樣性

導入與自然資本有關之定性評估

自然資本評等融資

＋

自然資本評估工具 ESCHER（自由選項）

自然資本 5 要素

動物生態
植物生態
水　土壤　空氣

本次定量評估 3 項目

用水量　土地利用面積　溫室氣體排放量

量測供應鏈上游對自然資本的衝擊和及風險並出具報告

三井住友信託銀行給予重視自然資本的企業較高的融資評等。貸款同時也申請 PwC 的自然資本定量評估服務，可以以優惠價格使用 ESCHER。出處：三井住友信託銀行

噸，評估下來發現供應鏈上游的用水量卻高達 1600 萬噸，是三電本身用水量的 22 倍，土地使用面積也遠遠超過，是三電本身的 433 倍，溫室氣體排放量也高出 10 倍。

供應商所在的地區也隱藏著風險。評估結果顯示，用水量當中的 28％來自缺水嚴重的中國。三電在水壓力指標地圖上，標註出中國分公司與供應商設在中國的 7 家工廠，其中工廠均位於缺水壓力很高的地區。而且，三電在中國的供應商也可能從大洋洲和非洲等地進口鐵礦，都是透過評估才發現這些意想不到的風險也會對公司的營運造成影響。

齊藤主席透露說：「我們一個一個盤點了三電在全球 23 個國家的據點的用水量、廢棄物產出量和溫室氣體排放量，也掌握了數據，可是供應鏈向外延伸的生態環境影響遠遠超出我們的想像。」

三電根據 ESCHER 的分析結果調整了經營策略。例如，對塗裝組件和鍍件等的中國相關供應商，調查工廠的用水量和排水管理，並訂出新的中期計劃，納入用水量目標管理。齊藤總結自然資本定量評估的效果：「數值化有助於讓各項減量活動在公司內部得到認知以及推展。」但也有人認為評估的計算基礎是貿易流量，無法反映出各家企業的真實狀況。三電對此的建議是透過工具評估出來負荷較大的地方，再個別進行深入調查。

用生態足跡來分析對自然資本的影響程度：花王與第一三共

此外，有些企業利用生態足跡分析的方法，來量測營運活動對地球自然資本的影響，如在日本的花王和第一三共。所謂的生態足跡是指，一個企業需要地球的生態體系中多少面積才足以維持其營運之意。這個評估方法是由美國的研究機構全球生態足跡（Global Footprint Network，GFN）所開發，2014 年，花王藉由生態足跡的分析了解自身及供應鏈對環境造成的負荷，成為全球第一個使用生態足跡進行環境影響評估的企業，花王同時將這份結果應用在設定溫室氣體排放量目標，並進行水資源及生物多樣性的定量評估及目標設定。

花王油脂原料對環境造成的負擔浮上檯面

花王在中期目標訂有溫室氣體排放量及用水量的削減目標。不過，「生物多樣性很難做定量評估，無法訂出具體的數值目標。用來作為介面活性劑的棕櫚油，是製造洗滌劑和清潔劑時不可或缺的原料，然而棕櫚油在生產的過程當中，對生態系統造成多少負面的衝擊，有必要針對這個項目做整體性的環境影響評估，評估內容當然也包括生物多樣性」（生態創新研究所首席研究員田中成佳）。為了定量量測生物多樣性及其他環境負荷，花王決定採用具全球認知度的生態足跡作分析評估。

花王在 GFN 協助下，將日本國內的事業營運對生態環境造成的負荷，換算成 6 種類型的生態地表面積。溫室氣體的排放換算成森林等「碳吸收地」面積，紙和紙漿在內等木材製品的使用換算成生產木材的「森林」面積，介面活性劑的原料，如植物油、牛脂、魚油分別換算成「耕地」、「牧草地」和「漁場」面積。

另一方面，因用水和廢水排放、NOx（氮氧化物）和 SOx（氮氧化物）排放並沒有對應的換算方法，故由花王和 GFN 共同開發。以廢水排放來說，使用清潔劑等用品時，流出至自然界的界面活性劑大約是 15％左右，將這些界面活性劑用水稀釋至對水生生物無害的環境基準以下，此時所需要的用水量，便可換算成「漁場」面積。

經過計算之後，得知生態足跡從 2008 年度到 2010 年度減少了 11％，但無論哪一年，碳吸收地的面積都是最大的，原因就在於溫室氣體的排放。除了碳吸收地以外，從油脂原料換算而來的耕地和牧草地的面積也很大。「原料從石油系變更為植物系時，雖然減少了碳吸收地的面積，但卻增加了耕地的面積。我們也因此了解在選擇材料時，必須做權衡，這些評估數據都會變成經營決策時的參考。」田中說道。面積是一個淺顯易懂的指標，這份評估報告也可以做為對外溝通的工具，在呼籲消費者選購節水型的清潔用品時，可以得到更多的消費者認同。

■ 花王的生態足跡推估

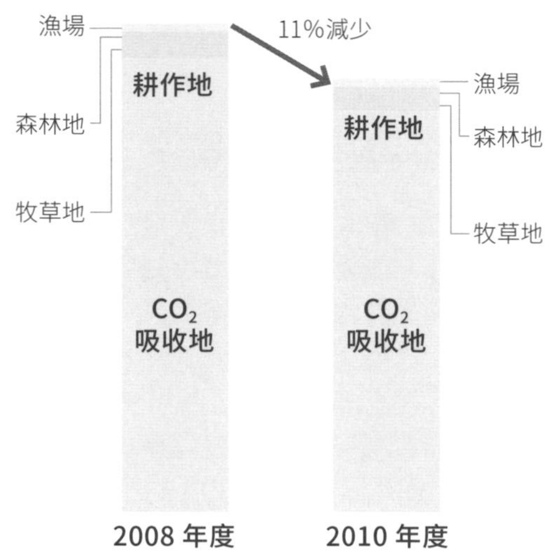

註：建成地的面積不論年度，皆在 0.1%以下

將環境負荷換算成 6 種生態面積

■ 花王的生態足跡內容

供應鏈的環境負荷		經換算後的面積類別
・溫室氣體排放	➡	碳吸收地
・木材的使用（紙張和紙漿）	➡	森林
・動物油脂的使用（界面活性劑用的牛脂）	➡	牧草地（肉類的生產）
・植物油脂的使用（界面活性劑用的棕櫚油等）	➡	耕地（作物的生產）
・魚油的使用、界面活性劑的排出、水的使用、NOx 和 Sox 的排放	➡	漁場（海產物的生產、稀釋、水域面積等）
・土地利用、廢棄物掩埋	➡	建地

NOx：氮氧化物、SOx：氮氧化物

出處：花王

第一三共完成 ISO14001 改版

仿效花王，以生態足跡的方式，量化評估整個事業體對生物多樣性造成的影響的，還有第一三共。第一三共每年皆會進行生態足跡評估，並以 PDCA（計劃 - 實施 - 檢查 - 行動）循環加強自身對生物多樣性的維護。經過換算，第一三共集團對環境產生的負荷，如果要透過地球生態系統加以吸收的話，需要 1.5 個東京都的面積才足夠。能夠縮小這個數字的作為，就代表該做為可以降低對自然資本的影響。

我們可以從年度評估報告看出，從 2014 年到 2015 年削減了 3.3%，第一三共設定了至 2025 年削減 4.4% 的目標。2015 年 ISO14001 進行改版，將生物多樣性列入要求事項，第一三共隨即在第 4 次中期環境經營方針及目標，承諾「善加應用與生物多樣性有關的指標，確實掌握環境負荷及最佳化作法」。生態指標的評估結果被用作為評量環境負荷的指標。

更多資訊

自然資本是做為評價國家和地方的指標

將自然資本納入國家會計做考量，也逐漸形成一股趨勢。先進國家嘗試將紀錄自然資本的存量及耗用的生態系統帳（自然資本帳，臺灣稱為「綠色國民所得帳」）納入國家審計主流。英國政府在 2012 年成立自然資本委員會，積極發展編制自然資本國家會計帳，澳洲和加拿大也著手試編。聯合國彙整並應用各國經驗，制定環境經濟國家會計指南「實驗性生態帳」。東北大學佐藤正宏副教授說：「這份指南可做為各國編制自然資本帳的參考，期能與生態系統的保育策略連結，做為決策指標。」

聯合國專案、國債信用風險

世界銀行的 WAVES 行動方案，全名為「生態服務評價與財富核算」，倡議各國將自然資本納入國家審計主流。日本擁有龐大的森林資源，因而被視為自然資本大國，另一方面，日本也大量利用其他國家的資源，這一點有可能成為為政府債券的信用風險做評估的判斷基準。

聯合國環境署金融倡議和全球生態足跡網路組織（GFN）聯手發起「E-risk」計畫，推動在政府債券的信用風險中反映生態系統的風險，亦即國家風險除了有政治風險、經濟風險、財政風險之外，必須再加上環境（自然）風險。

在他們於2012年發表的報告中，可以看到各國目前擁有的生態系統的總量（生態承載力）以及資源使用生態足跡的歷年變化。從能源、住宅、木材、食物、魚類等各項指標來看日本對自然資本的提供與消費，可以發現日本消費過多的自然資本。目前，國際間的評比機構正在研究如何把自然資本列為對政府債券的風險評估項目。

富士通以「新國富」評估地方自治體的自然資本

富士通研究所開發了一個全新的線上工具「EvaCva」，能夠對全日本1742個市町村的自然資本進行分析評估，包括森林、農地等自然資本，以及自然資本衍生的水源涵養等生態系統服務，其所帶來的價值最後皆被換算成金額數值，並標示在地圖上，地方自治體很容易就可以看到自己與其他自治體的異同之處。2017年3月，EvaCva功能升級，使用者可以看到每一個自治體都標有所謂的「新國富」數值，該數值乃合併聯合國提倡的3大資本：人工資本、人力資本和自然資本加總而成。

富士通研究所環境科學技術計畫的專案負責人田中努說：「這套工具可以幫助地方自治體了解本身的強項及弱點，有助於所在地區的地方創生規劃。企業開創新事業等在選址時，也可以當成事前評估的參考資料。」

富士通透過創新的情報通訊技術（ICT）技術協助客戶解決社會問題，並對保護生物多樣性做出貢獻。EvaCva正是富士通ICT技術研發活動的實例之一，其資料庫擁有超過40種以上的國家統計數據，能夠從多元化的角度評估各市村町在環境、社會和經濟等面向的指標值，利用這些數值可以算出10種生態服務系統的價值。當以替代技術創造出和生態系統服務同樣的功能時，必須花多少成本？由此換算成貨幣價格。

以森林的水資源貯留究竟有多少價值為例，先從森林的降水量、蒸發量以及裸地的降水滲透量，算出滲入森林的水資源貯留量，再從具有同等貯留量的水庫的建造攤提費和年度維護費，換算出森林的水資源

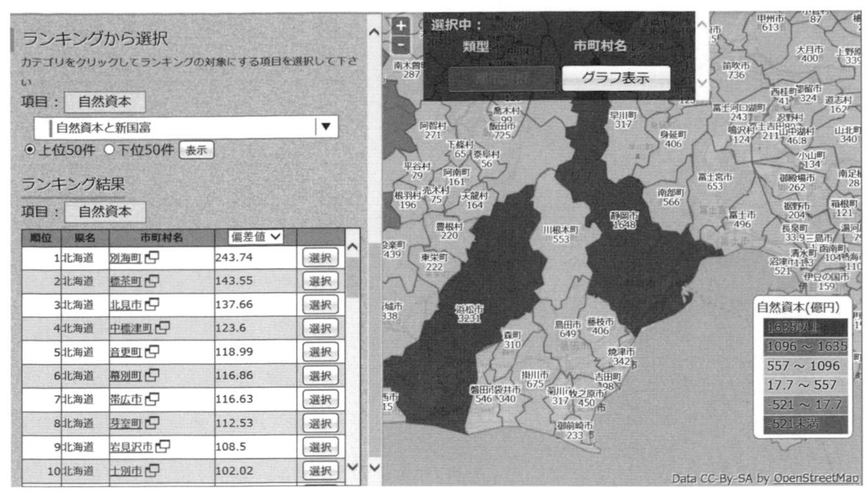

富士通研究所開發的評估工具，能夠將自治體的自然資本換算成金額。左側為市村町的自然資本價值排行榜，右側為自然資本換算成金額後標示於地圖上。出處：富士通研究所

貯留價值。

富士通進一步對於產出該服務的自然資本的存量（保有量）進行升級。九州大學的馬奈木俊介教授逐一算出各市町村的自然資本存量的價值以及人力資本、人工資本的價值，並將其併入軟體中。這次升級主要是為了配合 2012 年里約 +20 上所發表的「新國富」構想。

所謂的新國富是透過自然資源和人力資源這些多元化的指標，量測國家是否可永續發展？與 GDP（國內生產總值）之類的短期經濟指標不同。馬奈木教授的自然資本為森林、農地、漁業等項目的合計值，人力資本的價值為受過教育的健康者所帶來的價值，人工資本則以道路等基礎建設的價值計算。

下川町的自然資本總價值為 988 億日圓

被內閣府選為「環境未來都市」的北海道下川町，是一個大約有 3500 人的小鎮，整個小鎮有 9 成的面積為森林所覆蓋。2013 年，下川町發表了「自然資本宣言」，矢志活用自然資本，為地方創生，重新打造以自然資本為立足點的城鎮。為了將下川町的價值能見化，該町自行評估自然資本的價值，並算出全町的自然資本價值為 988 億日圓。

下川町有 7000 公頃的森林取得 FSC 認證，町內活用區內的林木資源，

製成集成材、木屑粉、木炭和精油等商品販售，邊角材等下腳料則用於生質能鍋爐燃燒，完全不浪費一丁點的森林資源。下川町內有 6 座生質燃料專用的汽電共生爐（100-1200kW），產生熱能做為各項設施的熱源，透過供應系統提供暖氣和熱水：公共設施所需的熱能當中，有 60％來自於再生能源。町內即便是被列為限界集落（譯註：夕陽村落，意指因人口外流導致空洞化、高齡化，群體生活的機能已難維持、面臨滅村危機的村落）的一橋地區，也積極推動社區創新，採用木質生質能再生能源，以達成能源自給自足的目標，同時規劃、打造生活機能完備的共生型集合住宅，以促進居民之間的交流。

下川町之所以著手評估自然資本的價值，是為了要讓大家對該町所擁有的自然資產有更具體的概念。下川町採用日本學術會議（譯註：日本內閣府的特別機關）「與地球環境暨人類生活有關之農業功能及森林功能評估」提供的算式，計算自然資本的價值。關於二氧化碳吸附功能的價值計算，以 2014 年度溫室氣體盤查報告書為換算基礎，木材生產功能的價值以林野廳的手冊作為計算參考，至於生物多樣性保育功能的價值，則從鹿隻入侵危害農作物的損失金額和防治措施所需經費予以換算。各種功能的價值經過換算加總後，算出川下町的自然資本價值為 988 億日圓。川下町今後將致力於如何透過町內與外部企業的合作，使前述自然資本價值（流量）發揮最大的效益。

三菱化學替自家產品的生物多樣性貢獻度打分數

三菱化學控股集團則是針對生物多樣性議題實施定量評估制度，為自家產品在生物多樣性的貢獻度打分數。三菱化學從 2 萬多項的產品當中，篩選出 100 項涉及考量生態環境因素的產品，分別就每一項產品在「對生物多樣性的貢獻度」、「對生物多樣性的負面衝擊」、「對消費者的訴求」以及「對財務的影響」等 4 個指標上的表現予以評分，每一個指標的給分皆為 -1~+3 分。指標是由首都大學東京的可知直毅教授所建議，負責評分的評審皆為學者專家。

統計之後，總分超過 6 分的產品總共有 9 項，其中包括緩速過濾裝置和滴水灌溉設備等給水系統。這些系統能夠有效協助水資源匱乏的開發中國家，提高農業生產效率和生活品質。另有使用高強度塑料製造的夾板，藉以取代混凝土模板用的木夾板，有助於減少熱帶雨林的違法採伐。透過定量評估產品的生態環境面價值，可以使推動生物多樣性的做法更明確具體，無形中產生提高員工意識的效果。

定量評估自然資本的意義
對內提供經營決策參考
對外做為 ESG 溝通資訊

自然資本的財務風險揭露已箭在弦上

對企業來說，進行自然資本進行定量評估究竟有什麼好處呢？自然資本定量評估具有雙重的意義，第一重意義在於能夠幫助企業鑑別出自然資本的風險，使企業掌握到更多的決策訊息，進而將事業轉移到其他風險較低的經營領域。第二重意義則是定量評估的結果可作為與投資人溝通的工具。越來越多法人投資機構要求企業做 ESG 資訊揭露，自然資本的定量評估並非只針對溫室氣體排放量而已，包含空氣、水和其他資源等對地球環境的負面衝擊都屬於評估範圍，另外，關於社會面（S）的影響也會和環境面（E）一樣屬於評估的範圍。

目前，為了使企業能系統性的將氣候造成的財務衝擊揭露於年度報告書，國際金融穩定委員會（FSB）於 2017 年 7 月在印度舉辦的 G20 高峰會上正式發表「氣候相關財務揭露建議書（Task Force on Climate-related

■ 自然資本經營及資訊揭露示意圖

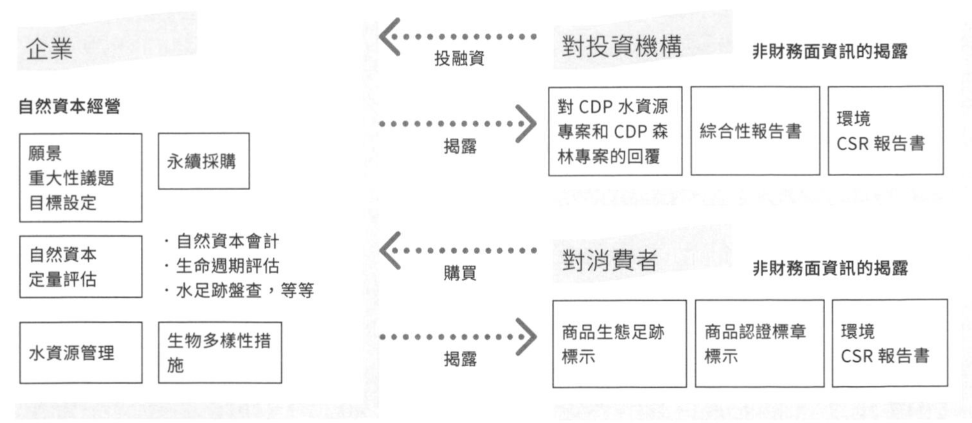

將透過自然資本定量評估鑑別出來的風險，融入企業經營決策至為重要。公開相關資訊有助於投資人及消費者了解企業的作為。出處：藤田香、日經 ESG

Financial Disclosures，簡稱 TCFD）」。當時，筆者認為國際上對於「氣候變遷相關財務揭露」，日後將朝向包含氣候變遷和自然環境在內的「自然資本相關財務風險揭露」發展。當在此會議上看到自然資本聯盟的重量級會員出席時，更強化筆者前述的看法。

加計自然成本後，企業還能獲利嗎？

對於上述的第一重意義，自然資本聯盟的執行長馬克．高夫（Mark Gough）強調：「自然資本議定書可以幫助企業辨識自身有哪些自然資本的風險，是協助決策者做出更精確的經營判斷的管理工具。」最近成為聯盟會員的日本產業環境管理協會（產環協），其 LCA（生命週期評估）事業室室長中野勝行說：「聯盟的目的在於鼓勵企業核算出自身的自然成本，並將該成本納入企業經營考量。透過量化的金額數值可以讓公司內部了解企業營運活動究竟帶給自然資本多少負荷，企業經營階層也能確實掌握自然資本的成本，如果營運成本加計自然成本的話，企業是否還有獲利？也就是要讓企業評估、核算自然成本並積極將評估結果融入經營決策。」

提供生物多樣性和自然資本相關諮詢、輔導的 Responseability 公司董事長足立直樹表示：「了解自然成本佔公司營業額多少比例，對經營者來說非常重要，企業的資本、獲利率只要納入自然成本就會發生改變，資本使用如果超支的話，企業就無法持續。」

此外，透過自然資本定量評估，可以更容易知道供應鏈的哪個階段有比較大的溫室氣體排放量？又是哪個階段對其他的環境要素如水資源、空氣等造成比較大的負荷？經過聚焦以後，企業更容易採取因應對策。「利用定量評估進行重大性議題分析，藉此鑑別出來的議題不僅有所本，而且成果都以數字表示，可以用來做為對外溝通成果的工具。」足立接著說道。

至於第二重意義資訊揭露，企業若公開本身所進行的自然資本定量評估，同時宣示評估結果作為經營決策考量，將有助於吸引 ESG 投資。我們已經在前面說過，目前 ESG 的投資浪潮在全球形成強大動能，自然資本和環境面（E）及社會面（S）有很密切的關係。管理資產達 140 兆日圓、全球最大的退休基金日本政府退休金投資基金（GPIF）也在 2017 年 7 月將 1 兆日圓的資金正式投入 ESG 投資。GPIF 在評估配置標的時，採行以 ESG3 面項來綜合評鑑企業的「富時（FTSE）Blossom 日本指數」以及「明晟（MSCI）日本 ESG Select Leaders 指數」等。

FTSE 的指數在評估企業表現時，ESG 評估模型有 14 個主題，3 個主要支柱底下超過 300 項的指標，FTSE 會依評價結果編製（如下圖）。300 多項的指標當中，涵蓋了不少生物多樣性、水資源利用、供應鏈、人權和地區社會等自然資本經營的相關項目。再細看的話，可以在生物多樣性指標方面看到「訂定具體目標」和「進行風險評估」等細項，如何應對鑑別結果所得知的風險，也是評估項目之一。

MSCI 的指數評鑑系統則包括 13 個環境類題項、15 個社會類題項以及 9 個公司治理類題項，由這 37 個題項組成「ESG 重要議題」，其中也有和生物多樣性及水資源利用的風險與機會相關的題目。MSCI 的投資總監內誠一郎說：「企業除了有風險管理系統以外，揭露自身有哪些風險也很重要，風險揭露代表企業做到了風險辨識。」透過自然資本定量評估掌握風險，就是內誠一郎所說的風險辨識。

當然，自然資本的經營是 ESG 實踐的一部份而已，未必能夠得到投資人的青睞。不過，仍然有特別關心水資源管理和森林資源管理的法人投資機構。三井住友信託銀行的經營企劃部理事暨 CSR 擔當部長金井司便是如此看待自然資本的經營：「只要 ESG 投資的規模擴大，以自然資本經營的績效來做判斷的投資也會擴大，就好比我們朝手帕的正中央抓起手帕一樣。也許在不久的將來，法人投資機構就會採用自然資

■ FTSE 的 ESG 評價模型計分方法

支柱	主題	指標	計分
環境	生物多樣性 氣候變遷 汙染與資源 水資源利用 供應鏈	總共有超過 300 項以上的指標，日本各企業適用的指標約在 120 項	就企業對高度風險的因應作為予以評分。總分為 0~5 分
社會	對顧客的責任 健康與安全 人權與地區社會 勞動規範 供應鏈		
公司治理	反貪腐 企業統御 風險管理 納稅透明性		

例）生物多樣性的指標
- 具有生物多樣性的方針
- 重要據點訂有減少影響的定量目標
- 進行風險評估
- ……

■ FTSE 的 ESG 排名位在前段的企業

企業名稱	分數
花王	4.5
富士通	4.4
柯尼卡美能達	4.3
亞瑟士	4.2
希森美康	4.2
國際石油開發帝石	4.2
東京海上控股	4.1
T & D 控股	4.1
大和證券集團本社	4
野村控股	4
KDD	4
NTT	4
納博特斯克	4

GPIF 自 2017 年 7 月開始進行 ESG 投資，採用從 ESG 三面向綜合評鑑企業的 FTSE 指數。上表為 FTSE 的 ESG 得分的計算方式及經評鑑後，得分在前段的企業。出處：FTSE 資料由日經 ESG 整理

本的財務風險，來判斷企業是否該納入投資組合當中了。」

GRI 國際永續性報告準則的成員富田秀實指出，投資人正以「戰略」的角度看待自然資本。「投資人會根據公開資訊，針對企業的 ESG 表現進行評分。不只評分時會檢視每一項指標的環境負荷削減績效，也有人會想了解企業對 ESG 風險的整體管理思維與因應策略。碰到這種情況，自然資本的定量評估報告就是最好的溝通工具。只要能將『因為對全體供應鏈已有定量、具體的掌握，所以採取這樣的策略』的訊息，清楚地傳達給投資人知道，當然會得到比較高的評價。」富田接著說道：「十年前，大家排斥、抵抗、不知道為什麼要做氣候變遷的資訊揭露，時至今日，揭露氣候變遷的相關資訊被視為理所當然的事。今後，企業被要求將包含各種生態與環境因素的自然資本相關風險納入衝擊評估，並進行深度揭露，並非不可能。」

足立也表示：「自然資本的定量評估未來將越來越精緻化，同時也會朝向對企業的財務衝擊與機會揭露的方向發展。」

事實上，自然資本聯盟的執行長高夫也表達了他的心聲：「無論再怎麼積極、努力向外界宣傳，最終目的是希望評估結果能做為投資人以及經營決策階層的參考。」CDP 和 GRI 等制定資訊揭露框架的組織也是自然資本聯盟的會員之一，是否做了討論要將自然資本議題列入企業的報告書，尚不得而知，倒是綜合性報告書先有了動作。

目前，全球正朝向整合財務與非財務資訊的整合性報告（Integrated Repovting，IR）編製方向前進。以整合性報告的概念發佈報告書的企業越來越多，且增長速度很快。根據企業價值報告研究室的調查，2013 年度，日本國內有 95 家企業編製整合性報告，到了 2015 年度已經快速成長到 194 家企業。一本整合性報告的架構需要報導企業的六個重要資本，自然資本即是其中之一。已經有日本企業將透過自然資本定量評估所鑑別出來的風險，揭露在整合性報告上，這種做法有利於與法人投資機構做更完整、有效的溝通。

國際標準化組織正在討論把對生態環境的衝擊換算成貨幣的 ISO14008 條文，此一國際標準可望於 2018 年年底發行。ISO14008 雖然提醒企業注意，換算出來的貨幣價值並不是供企業做橫向比較之用，不過，在企業必須掌握生態與環境衝擊對財務產生多大影響的想法，已成為世界潮流之下，企業還是得注意其他企業的數值狀況。不僅如此，聯合國環境規劃署金融倡議（UNEP FI）也在推動將水資源成本納入投資分析決策，並於財務報表中揭露的計畫（參考 44 頁），並與自然資本聯盟也展開了合作計畫。

就風險的鑑別與評估而言，法人投資機構仍然期待看到具體且長期的影響評估。在揭露氣候變遷對財務的衝擊之前，先揭露自然資本的財務風險的時代或許已經來臨了。

自然資本的幕後推手談
定量化的真正目的

Pavan Sukhdev
原德意志銀行、TEEB 報告書及聯合國環境規劃署（UNEP）
綠色經濟倡議主筆

照相：藤田香

2020 年，企業究竟肩負著什麼樣的使命？我想從這兒切入，談一談自然資本的重要性。

如果把 1920 年的企業拿來和 2020 年的企業相比的話，我們可以發現 1920 年的企業追求營業額、追求擴大規模，以致力業務成長為特徵。他們積極進行大型促銷活動，推出各種刺激消費者慾望、未顧及道德層面的廣告，毫無節制地進行超過自有資金好幾倍的槓桿投資。

營業額驚人的企業家數越多，引發的環境衝擊和生態系統損失也就越驚人。不僅如此，這些企業也導致原料成本和能源價格節節攀升。個人認為金融危機的出現與無限度的槓桿投資脫不了干係。

在能源、資源不斷增加需求的另一面，溫室氣體大量排出，水、空氣被污染，自然資源的損失日益嚴重。然而，這些「環境」從未被納入經濟體系。截至目前為止，即便是使自然環境惡化的企業，也沒有支付過任何代金。換句話說，在經濟體系中，自然和環境是「被外部化的成本」。這些成本以營業額最高的前 3000 家企業做統計，一年高達 2 兆 1500 億美元（2013 年度），其結果是地球溫度不斷上升，生物多樣性不斷流失，地球已處於岌岌可危的狀態。

面對這些現象，2020 年的企業究竟該怎麼做呢？簡單的說，企業應該對自身以及全體供應鏈的外部環境成本進行評估並做資訊揭露，推出的商品廣告皆應做責任說明。在包裝和廣告中說明產品的壽命、原產地、產品的生態足跡，讓消費者有足夠的資訊可以進行選擇。除此之外，政府應該限制金融槓桿操作，從法人稅課取資源使用稅。

自然應該被視為創造價值的「資本」，這就是所謂的「自然資本」。同樣的，人材也是為企業帶來價值的「人力資本」。2020 年的企業不僅要使股東的利益最大化，還要增加自然資本、創造社會資本與社區，並負起創造人力資本的重責大任。2020 年的企業可說是自身獲得利益，社會也蒙受其利的雙贏企業。

PUMA 核算自然資本、Infosys 評估人力資本

關於自然資本的評估和資訊揭露，全球知名的運動品牌德國 PUMA 公司揭露了產品的碳足跡。PUMA 從溫室氣體排放、水資源利用、土地利用和空氣污染等各項指標，評估自身和全體供應鏈對生態環境造成的衝擊，再將此衝擊加以貨幣化成為外部成本，並且標示在產品上。印度知名 IT 企業 Infosys 則評估了人力資本。Infosys 的員工總數達到 13 萬人，每年培育出 3 萬名工程師。如果核算被外部化的人力資本的價值的話，每年高達 10~12 億美元。

在生物多樣性公約第 10 屆締約方大會（COP10）上發表的 TEEB（生態系統暨生物多樣性經濟學）報告，是該研究計畫的最後一份報告，乃是從經濟觀點來量測生態系統服務的價值。報告指出生態系統服務的價值大約占一個國家 GDP（國民生產總額）的 5~20%，如果是在特別仰賴生態系統的貧窮國家的話，比例甚至高達 50~90%。可見生態系統是何等重要的資產。

目前，國際間有兩大主流趨勢，其一是將自然資本納入國家的審計系統，例如世界銀行正在進行的 WAVES 行動計畫，就是要將自然資本的價值列入國家的會計帳中。聯合國提出的「環境經濟綜合帳整合系統（SEEA)，也提供架構供各國參考編製自己的自然資本帳。

第二個主流趨勢則是里約 +20 大會產出的結論第 47 條，強調「企業永續報告書的重要性」。個人為了鼓勵企業應用 TEEB 的成果，邀集各界團體合組「TEEB for Business 聯盟」（自然資本聯盟的前身），推動企業進行外部成本及價值的評估，不僅政府要量化評估對自然資本造成的影響，產業界人也要能夠付諸行動。

TEEB 聯盟的成員除了世界企業永續發展協會（WBCSD）以外，英格蘭及威爾斯特許會計師協會（ICAEW）、負責制定企業資訊揭露框架的 GRI、制定整合性報導框架的 IIRC 也加入聯盟，其他的重量級會員還有世界銀行、聯合國環境規劃署、英國政府以及世界自然基金會（WWF）等非政府組織。在這些大型機構的協助下，聯盟著手制定有關

如何衡量和評估外部成本，並納入企業財務系統做公開揭露的指引（即現在的自然資本議定書）。

此一指引將納入與國際接軌的會計準則。英格蘭及威爾斯特許會計師協會 ICAEW 與國際會計準則理事會 IASB 共同制定發布國際財務報告準則（IFRS），作為金融財務報告系統的國際標準。我們與 IFRS 合作，計畫在 5 年之內完成所有企業皆適用的外部成本核算與報告的準則制定。

TEEB 聯盟（自然資本聯盟的前身）依照 WBCSD 和 GRI 的建議決定方法和步驟。企業可以從溫室氣體排放量、用水量、森林破壞面積等項目核算出外部成本，並且依循指引換算成貨幣價值。不計算外部成本，就無法擺脫地球的危機，企業高層皆須理解，並尋求解決的對策。

日本企業也開始編製綜合性報導。將社會資本、自然資本、人力資本等 6 大資本的相關資訊全部整合成一冊做公開揭露，這就是整合性報告的宗旨。企業必須以整合性的思維掌握 6 大資本的績效與價值。

■ 外部成本的衡量、評估與揭露

WBCSD、GRI、CEF、CDP、WDP、……	自然資本聯盟	IIRC 和會計制定機構
排碳量和用水量、森林破壞面積等的定量化、對環境的依賴度和衝擊的衡量	環境衝擊的經濟成本標準化	於綜合性報告書揭露外部成本

自然資本的資訊揭露趨勢為何？未來有可能必須在報告書中揭露自然資本的財務風險。
出處：日經 ESG

5

不可不知的基礎知識

生物多樣性

地球上的生物經過大約 40 億年的發展演進，分化成各式各樣的生命，在各自適合的生息場所建立起相互依賴的關係。生活在其中的所有生物，各有不同的特徵和生存環境。生態系具有的這種多元多變的特徵，就稱為生物多樣性。

生物多樣性共有 3 種，分別是①物種多樣性、②遺傳多樣性（基因多樣性）以及③生態系多樣性。

人類的食物和藥物等，無一不仰賴生物多樣性，其他如水源涵養功能等也都是生態多樣性的恩賜。國際間為了保護生物多樣性，也採取了積極的行動。聯合國 1992 年的地球高峰會，各國簽署了生物多樣性公約。日本以締約國的身分，於 95 年制訂生物多樣性國家戰略。2008 年制定生物多樣性基本法，生物多樣性國家戰略成為法定戰略。2010 年 10 月在日本名古屋舉辦的聯合國生物多樣性公約第 10 屆締約方大會（COP10），由日本擔任會議主席，通過新戰略計畫「愛知目標」和「名古屋議定書」。

愛知目標又分為至 2050 年的長期目標、至 2020 年的中期目標以及 20 個子目標。日本內閣也以相當快的速度在 2012 年 9 月完成並通過「國家生物多樣性策略 2012~2020」，規畫出實現愛知目標的國家藍圖。

生態系服務

生態系統具有各式各樣的功能，包括促使能量流動和物質循環、維持生物的生命活動等等。人類直接或間接從生態系統功能中獲得的利益，統稱為生態系服務。人類因使用生態系服務而得以生存，卻從來沒有付過任何費用。

聯合國環境規劃（UNEP）於 2001 年正式啟動「千禧年生態系統評估」研究計畫，全世界有 95 個國家、1360 位專家參與評估工作。該計畫的目的是為了評估生態系統改變對人類生活造成的影響，研究結果於 2005 年發表。在報告中，生態系服務被分類為①供給服務（食材、淡水、木材、纖維等）、②調節服務（調節氣候、調節水分、調節病蟲害等）、③文化服務（美學價值、教育價值和生態旅遊等）。報告也提出了恢復或改善生態系統的各種建議。

2010 年的生物多樣性公約第 10 屆締約方會議上，發表了以量化方式評估生態系統價值的 TEEB（生態系統暨生物多樣性經濟學倡議）研究報告，報告內容包含了生態系統服務的價格評估。估算結果顯示生態系統服務的價值約佔一國 GDP（國內生產總值）的 5~20％，如果是貧窮國家的話，佔比更高達 50~90％。

瀕危物種／紅皮書

所謂的瀕危物種是指族群的個體數極端減少，恐有滅絕危機的動物和植物。國際機構國際自然保護聯盟（IUCN，總部位於瑞士）下轄的「物種存續委員會」每隔一段時間便會針對全球生物進行評估調查，發表載有瀕危生物和滅絕生物的名錄，稱之為「紅皮書」。

紅皮書依照受威脅程度，由高至低將瀕危物種分成 I 類受威脅物種（又分為 IA 類的極危等級和 IB 類的瀕危等級）以及 II 類易危物種。受威脅即是指受到滅絕危險的威脅，IA 類的極危等級物種，其野生族群在不久的將來，面臨滅絕的危險性非常高。IB 類的瀕危等級物種，其野生族群的滅絕危險性雖然沒有 IA 類那麼高，但在不久的將來，仍舊有很高的滅絕危險性。II 類的易危物種雖未達到極危或者瀕危標準，但如果不改變造成現況的要因的話，不久的將來就會被升級到 I 類。

日本的環境省根據 IUCN 紅皮書的分級和評估標準，完成日本的物種受威脅狀態評估，並發表「Red Data Book」。日本人經常食用的太平洋鮪魚在 2014 年列入 IUCN 的易危等級名單，日本鰻則在 2013 年環境省指定為瀕危物種，不過，2014 年被 IUCN 列入 I 類。

生物多樣性公約締約方會議
（CBD-COP）

1992 年 6 月在巴西里約熱內盧召開的聯合國環境開發會議（地球高峰會）上，同時通過了生物多樣性公約及聯合國氣候變遷綱要公約。生物多樣性公約一躍成為國際條約，它揭示了三大目標，分別為①保護地球上多樣化的生物及其生息環境、②使生物資源可永續利用、③公平合理的分配和利用遺傳資源所產生的利益。

生物多樣性公約 1994 年在巴哈馬舉行第 1 屆締約方會議（COP1），2010 年在愛知縣名古屋舉辦第 10 屆締約方會議（COP10），會中通過了 2010 年以後的戰略計畫「愛知目標」及強調遺傳資源的取得與利益共享（Access and Benefit Sharing , ABS）的「名古屋議定書」。

第 11 屆締約方會議（COP11）於 2012 年在印度舉行，已開發國家承諾到 2015 年，對開發中國家的資金支援，將由 2006~2010 的年平均金額提高為 2 倍。2014 年 10 月舉行的第 12 屆締約方會議（COP12），由韓國主辦，宣布名古屋議定書生效。第 13 屆締約方會議（COP13）於 2016 年 12 月在墨西哥舉行，會中發表「坎昆宣言」，自此生物多樣性成為主流。

愛知目標

2010 年在名古屋市舉辦的第 10 屆締約方會議（COP10），通過了針對生物多樣性的新戰略計畫，就是愛知目標。愛知目標提出了策略和行動計畫，只有採取有效和緊急的行動，才能阻止生物多樣性持續流失。

「到 2050 年前，透過評估、保育、復原以及合理利用生物多樣性，使生態系統服務能夠永續，使地球環境能夠健康，使所有人都能夠獲得必要的自然恩惠，使世界成為『與自然和諧共生』的世界。」

愛知目標描繪出對生物多樣性的願景，同時也訂出至 2020 年的短期目標及 20 個子目標。子目標當中，除了列出使生物多樣性成為主流、將生物多樣性的價值納入國家審計系統和報告制度等項目外，針對降低瀕危物種的數量、控制外來入侵種的威脅、推廣永續利用及消費、名古屋議定書的實施等，也都訂出了目標。至少有 17％的陸域和 10％的海域受到有效的保護。日本也根據愛知目標重新修訂國家生物多樣性策略，並於 2012 年 9 月完成「國家生物多樣性策略 2012~2020」。

名古屋議定書／ABS

針對基因資源的取得及利益分配（ABS），經國際協議後所定出的原則性規範，就是名古屋議定書。所謂的基因資源是指可以被利用在醫藥品、食品等商品上的植物、動物和微生物的總稱，也就是生物資源。已開發國家的企業在熱帶雨林採集當地植物、微生物製藥、做保健食品，獲取很大的利益。

企業所利用的基因資源中也有來自原住民的祖傳藥方以及自古以來世代相傳被當地居民視為珍寶的微生物。生物多樣性公約要求已開發國家使用遺傳資源所獲得的利益，應與基因資源的所有者—開發中國家公平共享。除了公平共享的原則之外，並應採取立法、行政措施等具有法律約束力的方式，確保開發中國家的遺傳資源不會被任意攜出，同時確實公平享有使用該資源所獲得的利益。

為了解決上述問題，第 10 屆生物多樣性公約締約方會議（COP10）通過了國際共同遵守的框架「名古屋議定書」，在第 12 屆締約方會議（COP12）上正式生效。議定書規範的利益分配對象為「議定書生效以後所使用的基因資源」。另外，針對「衍生物」，議定書也作出了以下的定義：「基因資源自然生成的生化活性複合物，即便該複合物不具備遺傳功能亦屬之。」

里約 +20 與自然資本

森林、土壤、礦物、空氣、漁業資源等物質本身，以及由這些物質所組成的生態系統等自然，帶給人類各式各樣的恩惠。這些帶來恩惠、產生價值的自然猶如「存量」，存量提供給人類廣泛的服務（生態系統服務），猶如「流量」，這就是「自然資本」的想法。相對於工業資本、金融資本等由人類創造出來的人工資本，這種由大自然產生的資本，就叫做自然資本。一般認為自然資本所產生的總價值，與全球的年間總生產額相等或高出數倍。2012 年 6 月召開的「聯合國永續發展會議（里約 +20）」，除了以綠色經濟為主題以外，「自然資本」也是全場注目的焦點。

世界銀行和聯合國環境規劃署（UNEP）金融倡議組織等機構，建議企業應該將營運過程中會對自然資本造成多少衝擊予以評估、量化並揭露，該衝擊評估也應涵蓋整體供應鏈。聯合國環境規劃署金融倡議組織發表「自然資本宣言」，提出應將自然資本納入金融商品當中，並在評估投資、融資時，將標的企業是否重視自然資本列為信貸評比的判斷標準。制定綜合性報告書框架的國際綜合報告委員會（IIRC），也將自然資本列為企業發展業務所需的 6 種資本當中的一種，同時提出企業應揭露與自然資本有關的相關資訊的方針。

森林認證

所謂森林認證，是透過第三方獨立驗證機構，依森林管理標準對森林管理實務進行是否符合標準的評鑑認證制度。目前國際上較廣為人知的森林認證系統有 FSC 認證（Forest Stewardship Council，森林管理委員會）以及 PFEC 認證（Programme for the Endorsement of Forest Certification，森林驗證認可計畫）。無論哪一個認證，都是為了維持森林生態系統的生物多樣性以及保護珍貴稀有的植物。FSC 驗證主要是透過第三方驗證單位進行森林經營認證以及出產的木材和木材加工產品認證，凡是符合 FSC 規範者，就可以在產品上載入 FSC 標籤販售。

FSC 創立於 1993 年，屬於非政府非營利組織，總部設在德國的波昂。PEFC 則是各國必須先建立國家的森林驗證制度，再經過 PEFC 的審核和取得認可（相互承認）的認證制度，只有與 PEFC 互相承認，才能使用 PEFC 標章。各國的森林認證制度都會納入 PEFC 的要求是向，以便通過 PEFC 的認可。PEFC 於 1999 年 6 月於巴黎成立，總部設於盧森堡。日本綠色循環認證（SGEC）為日本為了振興林業，獨自創立的森林驗證系統，該系統標準補足了環境保育等與全球一致的規範，並於 2016 年 6 月和 PEFC 通過互認。

漁業認證

為了永續利用水產資源，證明某項水產物來自友善環境的漁業的驗證制度，就是漁業認證，也可以稱之為代表產品具有環境面之附加價值的「水產生態標章」。漁業認證的想法並不是靠法制面的規定，而是要借助消費者的力量，透過消費者選擇友善環境的商品，支持並促進永續的漁業。國際間的漁業生態標章認證主流，首推由世界自然基金會（WWF）主導創設的海洋管理委員會（Marine Stewardship Council，簡稱為MSC）。

MSC訂定的原則，包括漁場的限制捕撈，藉以減緩海洋漁業資源枯竭、確保漁場的海洋生態系統具有穩定性和多樣性、促進一定水準的漁場生產力以及建立符合環境及生態考量、可永續利用的漁業制度等等。WWE以養殖生產的水產物為對象，另外成立了水產養殖管理委員會（ASC）認證，管理負責任水產養殖的全球標準，該標準關注的範疇從降低生產過程中對自然環境和生物多樣性的負面衝擊，擴及到飼料和化學藥品的適切管理以及安全的勞動環境等面向。

2016年3月，宮城縣漁業協同組合戶倉事務所以牡蠣養殖取得日本第一個ASC國際認。另一方面，日本國內水產相關業者團體也在2007年於東京都港區成立日本海洋生態標章協議會（Marine Eco-Label，簡稱為MEL），對漁業及養殖企業進行MEL的認證。

PES 與生物多樣性補償

為了保育生物多樣性，嘗試以市場交易的機制予以推進，具體的做法有 PES（生態系統服務付費機制，Payment of Ecosystem Services）以及生物多樣性補償。PES 是指利用自然資本製造飲料等企業，以實質經濟，如產品銷售營業額的一部份回饋給生態保育。以朝日啤酒為例，朝日每賣出一瓶罐裝啤酒，就捐出一元幫助生態系統復育，就是典型的 PES。生物多樣性補償是指某地的環境因開發等因素遭到破壞，此時可藉由在他處復育同等的生態棲地來做抵銷。

對生態系統做抵銷性補償必須達成所謂的生物多樣性零淨損失（no net loss）。企業應極力避免營運活動對生物多樣性造成影響，如果無法迴避時，應將影響降低至最小限度，仍無法達到最小限度的目標時，最後才考慮進行復原（代償措施）。

目前在國際上對於生物多樣性補償，最普遍被接受的是由「商業與生物多樣性補償計畫（Business and Biodiversity Offsets Program，簡稱 BBOP）」所制定的指南和實踐手冊。為了實施生物多樣性補償所開發的生態系統定量評估工具有「棲地評估程序（Habitat Evaluation Procedure，簡稱為 HEP）」，就代表物種、食餌數量及棲地面積等指標，評估該棲地環境的價值。歐美則採用「Mitigation Banking（復育抵償）」的方式，亦即將復原後的自然價值換算成可交易的點數（credit）供企業購買。

SDGs（聯合國永續發展目標）

永續發展目標（Sustainable Development Goals，簡稱為 SDGs）是聯合國針對全球貧窮、健康、女性、環境等議題所訂定、自 2015 年至 2030 年的行動計畫，其中包含 17 個目標、169 個子目標。17 個目標當中，很多項目都與環境有關，例如氣候變遷對策、海洋資源保育、水和能源的確保、負責任的生產和消費等等。

2016 年 3 月，聯合國統計委員會為了監測永續發展目標的推動進程，發布了觀察指標（indicator）。每一個子目標下面皆對應 1~2 個觀察指標，故總計有 230 項觀察指標。以「擴大再生能源」這個子目標為例，就設定了「再生能源佔總能源消耗比例」的細項指標。日本於 2016 年 5 月成立「SDGS 推進本部」，由首相安倍晉三擔任本部長，全體閣員皆為該部委員。由聯合國全球盟約組織、GRI 和世界企業永續發展協會（WBCSD）共同出版的「永續發展目標羅盤（SDG Compass）」，可以做為企業推動 SDGs 的指南，透過瞭解 SDGs、鑑別優先順序、設定目標、整合與資訊揭露等五大步驟推動 SDGs。

CSV（創造共享價值）

CSV 就是「（創造共享價值）= Creating Share Value」的縮寫，也就是說企業透過經營既能令公司增加獲利率、提升競爭力，同時又能解決社會問題，從中創造雙方共享價值，締造共贏。這是管理大師麥可・波特（Michael Porter）2011 年時，在他的論文裡提出的新觀念，是企業社會責任（CSR）的創新版。企業以創新的方法來滿足社會的需求、改善社會問題，創造出社會價值的同時，也創造了自身的經濟價值。

波特教授指出企業藉著創造社會價值來創造經濟價值，主要有 3 個方法：第 1 個方法是重新構思產品和市場。公司需要重新思考自家的產品及服務，該如何解決公部門面臨的社會問題？或者透過創新解決，開發出新市場。第 2 個方法是重新定義價值鏈中的生產力。透過效能提升降低成本，透過培養供應商取得穩定的供貨來源等等，在價值鏈上處理社會問題，同時能讓企業受益。第 3 個方法是在公司的所在地建立支援地方的產業群聚。

ESG 投資

ESG 代表環境（Environmental）、社會（Social）與公司治理（Corporate Governance）。ESG 投資是指在投資的過程中，將企業對於這 3 個面向的回應納入考量，從這 3 個觀點對投資標的進行評估、鑑別及監督，又稱為 ESG 責任投資。從環境和人權等倫理角度去檢視企業的方法有 SRI（社會責任投資），SRI 從排除對菸酒、武器等相關企業進行注資、投資開始。ESG 投資流程不僅重視環境和公司治理，也從更宏觀的視野評價企業的社會價值。ESG 投資之所以受到關注的理由，其中一個就是對追求短期獲利的省思。只在意企業財務表現的投資行為，已經引起全球金融危機，因此，有必要改變以往只評估企業短期獲利能力的投資方法，從更長遠的觀點，例如將企業對氣候變遷、全球勞動環境變化等各項風險的因應能力納入投資評估流程，進行「永續投資」。永續投資方興未艾、年年成長，根據統計，截至 2016 年止，全球永續投資（大部分為考量 ESG 的投資）管理資產規模達 2755 兆日圓。

年金基金

隨著 ESG（環境、社會與公司治理）投資在國際上逐漸擴大，全球的機構投資者的動向備受矚目。由於銀行和年金基金的投資規模都是相當大筆的金額，對股票市場造成的影響自然就大，因此，具有前瞻性、走在前頭的機構投資者如何投資，也就成為全球關注的焦點，尤其是管理資產規模龐大的年金基金，更是焦點中的焦點。全球最知名的年金基金，首推美國最大的年金基金加州公務員退休基金（CalPERS）以及全球第一大退休基金、負責運用管理資產達 140 兆日圓的日本年金投資基金獨立行政法人（GPIF）。2015 年 9 月，GPIF 簽署聯合國的 PRI（責任投資原則），宣布要以企業的 ESG 表現作為投資策略的重要參考。依據 ESG 評鑑結果編製，將 ESG 表現績效佳的日本企業列為成分股的新指數，於 2017 年 7 月獲得 GPIF 採用，依照 ESG 指數以 1 兆日圓的規模正式做 ESG 投資。預期今後機構投資者的 ESG 投資會越來越炙熱。

CDP

CDP（碳揭露專案組織）為一國際非營利組織，在獲得機構投資者的支持下，致力於督促企業揭露與碳管理、水資源管理和森林資源管理等有關的數據、風險及機會。CDP 的總部設於英國倫敦，CDP 事務局推動環境相關資訊揭露計畫。2003 年，CDP 以問卷調查的方式，首度邀請當時全球市值前 5000 大企業，揭露有關全球暖化的因應作為、管理制度等資訊，這就是 CDP 碳揭露專案。此後，越來越多投資機構認同並使用 CDP 資訊。截至 2016 年，CDP 擁有 827 個機構投資者，管理資產總額達到 100 兆美元。截至 2008 年止，CDP 總共對 150 家日本企業發放回覆問卷的邀請，不過，自 2009 年起，邀請家數增加至 500 家企業。

2016 年，巴黎協定生效，CDP 問卷也新增了減量目標是否採用以科學為基礎的減量目標設定「SBT」以及是否設定再生能源的使用目標等題目。日本總共有 22 家企業獲得 CDP 最高評等的「A」。CDP 發展至今，已不再只限於全球暖化議題，針對水資源安全和木材、棕櫚油等森林利用，CDP 也實施「水資源專案」和「森林專案」，邀請企業揭露相關的管理作為以及風險和機會。無論是哪一個專案，皆依回答給予企業 A 至 D 的評等，企業若是拒絕回覆問卷，則列為 F。投資人也將 CDP 的評分結果納入 ESG 投資的指標欄位中。

CDP 水資源專案／森林專案

CDP 受投資機構的委託，代表投資機構邀請企業填寫與水資源、森林資源風險有關的問卷，並對企業的問卷回覆予以評比的專案。CDP 水資源專案透過問卷詢問企業是否有明確的行動計畫來管理水資源，有助於企業了解本身及供應鏈在水資源方面的風險與機會。

CDP 水資源專案自 2010 年開始，2015 年起公布企業的問卷評分結果。2016 年全球入選表現最優異的「A」級企業共有 24 家，日本有豐田汽車、花王、Sony 等 6 家在 A 名單之列。CDP 森林專案始自 2013 年，問卷發放對象以生產「木材」、「棕櫚油」、「畜產品（牛）」和「大豆」等 4 項產品的企業為主，問卷內容包括風險與機會的辨識、確保透明溯源的機制、策略與目標、與供應鏈的合作等等。2016 年，CDP 邀請 101 家日本企業回覆 CDP 森林專案的問卷，但只有 28 家企業提交問卷。該年度並沒有日本企業得到 CDP 森林問卷「A」等級的評價，獲得「A-」成績者，在木材項目有大日本印刷、花王和馬自達，在棕櫚油項目有味之素和花王。

環境報告書／CSR 報告書／永續報告書

企業發行營運上的環境負荷以及與環境推動成果有關的報告書，統稱為環境報告書。環境報告書對外是與投資人溝通環境議題的工具，對內更是檢驗環境管理系統（EMS）加以改善的依據。環境報告書的內容除了說明企業的環境保護方針與績效目標以外，也包含 EMS 和法令遵循的狀況等。不再只要求企業提供環境方面的資訊，還要能提供更可代表企業在勞動與人權、社會貢獻等 CSR（企業社會責任）整體績效的 CSR 報告書，也稱為永續報告書（Sustainability Report）。

自 2000 年以後，企業從發行環境報告書和環境安全衛生報告書，轉為發行 CSR 報告書和永續報告書的數量驟增。根據調查顯示，有越來越多的企業參照全球永續性報告協會（GRI）所提供的準則和架構編製 CSR 報告書和永續報告書，2012 年全球大約有 4 成的企業參考 GRI 發佈的指南編撰公司的 CSR 報告書。最近，ESG 投資法人和評比、評價機構也開始閱讀環境、CSR 報告書，並用於投資與議和（Engagement）流程。

整合性報告書

企業分別揭露財務面和環境、企業社會責任（CSR）等非財務面的相關資訊。整合性報告書主要是研究將 CSR 報告書與財務報告整合的可能性，不僅要將環境、社會等面向與財務現況做更緊密的連結，也要說明企業從智慧財產到公司治理以及短、中、長期的經營策略。整合性報告書的讀者主要是鎖定從更宏觀的觀點來了解企業的永續性和業績的投資人。國際整合性報告委員會（IIRC）在 2010 年成立，由英國查爾斯王子創建的「A4S（永續會計專案）」和 GRI 共同組成。

IIRC 在 2013 年底，正式發布整合性報告書的框架，並將整合性報告書定義為「說明組織如何創造中長期價值的報告」，要求企業揭露 6 大資本的相關資訊，6 大資本分別為財務資本、製造資本、智慧資本、人力資本、社會資本以及自然資本。日本發行整合性報告書的企業有增加的趨勢，根據企業價值報告研究室的統計，2017 年度特意以整合性報告的架構編撰報告書的國內企業來到 341 家，比 2013 年度的 95 家多出許多。

永續採購／CSR 採購／負責任的採購

要求提供零件、配件、原物料的廠商（供應商）也要共同遵守法令，共同擔負起環境、社會、人權等 CSR（企業社會責任）面向的責任，稱之為永續採購。CSR 採購、負責任的採購都是它的同義詞。永續採購的背景源自於自然資源的日益枯竭以及供應鏈上與日俱增的人權和環境風險。隨著企業的全球化經營，已經有企業因受委託生產的下包商未妥善處理環境、人權方面的問題，導致委託企業的品牌形象、價值受損的案例發生。從風險管理的角度來看，供應商如何因應環境、人權的議題，變得越來越重要。

美國要求企業自 2013 年起，每年皆須公開報告其製造的產品當中是否含有來自侵害人權地區的衝突礦物。2015 年於德國舉行的 G7 高峰會，「負責任的採購」多次在領袖宣言中被提及，旨在鼓勵先進國家致力於保障供應鏈的勞動權益和環境保護。2020 年東京奧運的採購準則同樣要求皆須符合永續性。全球第一個永續採購的國際標準「ISO20400」於 2017 年正式發行。

綠色採購／綠色消費

綠色消費是指消費者選購產品時，不僅要考慮產品的品質和價格，還要考量到產品對生態環境的衝擊，選擇對環境友善的商品或服務。在消費過程中，採購前應考慮該產品是否有購入的必要性？同時也要把產品使用後的回收方式列入考量。而綠色採購是由政府扮演主導角色，帶頭、也帶動各行各業向致力於降低環境負荷的業者採購其製造的零件、組件等，公共工程的發包也涵蓋在裡面。藉此推動企業自願性的研發、製造及販售友善環境的產品。

日本於 2000 年 5 月公布「綠色採購法」，該法強制政府機關等必須率先實施綠色採購計畫。這是由國家發起的綠色採購行動，由國家訂出基本方針以及綠色採購的基本方向與品項。除了以政府法令規定以外，由政府機構、民間企業、消費者等共同組成的綠色採購網路組織（Green Purchasing Network，簡稱 GPN），又是另一種推動方式。GPN 自行編製「綠色採購實施指南」，建立完整的友善環境產品資料庫，逐步推展綠色消費為全民運動。

水資源緊張度

「水資源緊張度」是一項用於表示水資源短缺情況的指標。當某地區的水資源緊張度（用水量占水資源可利用量的比率）超過40%時，代表該地區的水資源蓄存量（每人每年可利用的水資源量）處於高度緊張的狀態。全球水資源緊張度較高的地區有中國北部、印度和巴基斯坦的邊境一帶、中東以及美國中西部等。日本的水資源蓄存量為4200億立方米，使用量為835立方米，水資源緊張度不到20%，可說是得天獨厚。

聯合國環境規劃署（UNEP）將每人每年可取用水資源量小於1,700立方米的地區，視為缺水地區，並預測在2025年之前，全球約有三分之二的人口將面臨嚴重的水資源匱乏。以企業來說，原料的來源，也就是供應鏈的上游很可能落在水資源高度緊張的地區，故不得不提高警覺。日本因為自海外進口農畜產品，等於間接消耗掉全球大量的水資源。這種隱藏在產品背後的用水就稱為虛擬水（virtual water）。根據環境省和特別非營利活動法人—日本水論壇的計算，日本消耗的虛擬水用量大約是800立方米，相當於日本國內的年均用水量。大量的虛擬水除了來自食材食品以外，進口木材也佔了很大的比例。

WET ／生物急毒性管制

來自工廠等處所的放流水是否對環境造成影響、有無毒性的評估，若是透過生物毒性測試的方法予以監測，並以生物的反應作為綜合性的評估指標，即是 WET（放流水全毒性管理，Whole Effluent Toxicity）。針對工廠等的工業廢水排放，通常主管機關都訂有排放標準。

一般來說，放流水標準對有害健康物質的種類、濃度限值等，皆訂有具體的數值。相對於此，WET 是為了補足前述規範的不足，全面性的來看放流水對環境造成的影響，如果發現仍有毒性存在，即要採取改善措施，WET 屬於一種管理工具。具體的做法就是以藻類、水蚤、魚類等為生物急毒性測試物種，放入欲監測的放流水中，評估生物的變化。

美國和加拿大為了補足既有的工業放流水標準，導入 WET 做為未管制項目的標準。德國等部分的歐洲國家則引進 WET，建立放流水毒性標準，當做工業廢汙水的放流限制。日本也正在研擬納入 WET 的可行性。環境省於 2010 年度開始設立檢討會，2015 年 11 月完成評估報告。報告中提及從防範未然的角度來看，WET 是一種預防措施，工廠、營業場所自發性採用是有意義的。不過，報告也同時指出 WET 測試的費用高昂。

向大自然學習／生物仿生學

仿生學（Biomimicry）是生物學家珍妮．班亞斯（Janine Benyus）所提出的概念，意指從生物的形態結構和功能原理獲取靈感，模仿並開發科技運用的一門科學。

舉例來說，正六角柱體的蜂巢結構就是模仿蜜蜂的巢室結構而來。蜂巢結構大幅減輕重量，卻有效提高強度，以鋁合金材料做成的蜂巢結構被廣泛應用在飛行器和建築材料。飛機的設計原理則是從觀察鳥類的翅膀形狀及研究其飛行技巧中所獲得的靈感。生物多樣性不僅以多樣化的物種網路維持著整個地球生態系統的平衡，同時也提供給人類遺傳資源和可供模仿的仿生技術，帶給人類無限的商機和直接的經濟價值。

比方說，日本新幹線（700系列）降低列車進入隧道時的噪音，就是從翠鳥俯身掠食水中的魚所得到的靈感。在仿效生物功能方面，有透過蓮葉葉面的自淨功能觀察，開發出撥水性素材等。自動駕駛汽車的研發也是參考一大群魚在水裡游卻不會相互碰撞、亂了隊伍的特殊本領。ISO仿生物模仿（Biomedix）也由國際標準化組織（ISO）制訂了一套管理標準並已正式發布。

華盛頓公約

華盛頓公約的目的是為了保護瀕臨絕種的動植物，其採用的方式為國際共同合作管制野生動植物的交易。公約的正式名稱為「瀕臨絕種野生動植物國際貿易公約」，由美國與世界自然保育聯盟（IUCN）主導，於1973 年 6 月 21 日在美國華府簽署，日本於 1980 年加入成為締約國。

公約依有需要保護之野生動植物的數量，分成 3 類做成 3 種附錄。列入附錄一的動植物有滅種威脅，原則上禁止在國際間進行以商業為目的的貿易。列入附錄二的物種，需取得原產國核准的輸出許可證，方能出口進行交易。列入附錄三的物種，需先取得輸出許可證或提出產地證明，方能進行交易。締約國大會（COP）每 3 年召開一次。歐洲鰻於 2007 年6 月的第 14 屆締約國大會（COP14）決議中，被列入附錄二。2010 年第15 屆締約國大會擬將黑鮪魚列為瀕臨絕種野生動物，禁止國際交易，不過，最後並沒有達成協議。2013 年第 16 屆締約國大會，會議通過將鯊魚列入附錄二。2016 年第 17 屆締約國大會決議，同意「全面禁止」各國境內與象牙狩獵及非法交易有關的象牙交易。

拉姆薩公約

1971 年於伊朗拉姆薩（Ramsar）簽訂，於 1975 年 12 月生效，公約全名為「世界重要濕地公約－特別是水鳥棲息地」，是一份為了保護全球重要濕地，尤其是水鳥棲息的濕地以及在該濕地上生息的動植物而簽署的國際性保護公約。公約也對濕地下了一個定義：「由沼澤、泥沼、泥炭地或陸上水域所構成的區域，包括水深不超過六公尺之沿海區域。」公約的主要訴求為各會員國皆應採取有效的措施，以保護濕地及濕地上的動植物生態，尤其是水鳥。各會員國至少選定一處可納入世界級規格的重要濕地，並向公約秘書處提出登錄申請。締約國會議（COP）每 3~4 年召開會員大會一次，1993 年第 5 次締約國會議於釧路舉行。日本是在 1980 年加入成為會員國，加入當年北海道的釧路濕原成為日本第一個登錄公約的濕地，此後濕地登錄的活動在日本各地展開，截至 2017 年 9 月，共有 50 處濕地登錄成功，保護總面積約有 14 萬 8002 公頃。

基因改造／
卡塔赫納生物安全議定書

所謂基因改造是指為了利用某些生物具有的特定功能，將該生物的特定基因取出並轉移到其他生物物種上，使被植入基因之物種出現新的性狀的技術。基因改造並未改變該物種對人類有益的性質，只是加進了一個人類需求的新功能。例如將能夠抗病蟲害和耐除草劑的基因植入農作物，使該農作物產生毒素來抵禦蟲害等等。自 1994 年第一個基因改造的農產品在美國上市以來，也開啟了基因改造作物商業栽種的一頁。

大規模的商業栽種行為很可能使改造基因流出至自然界，進入生物的基因裡，對生態系統造成不利影響。有鑑於此，聯合國於 2000 年召開的第 5 屆生物多樣性公約締約國大會上，正式通過卡塔赫納生物安全議定書，要求所有會員國在進行基因改造活體越境移動時，必須遵守相關申報手續。議定書規範了基因改造活體的轉移、處理和使用的限制和標準，以避免對生物多樣性造成破壞。議定書於 2003 年生效，此後定期召開締約國會議。

日本也是締約國之一，並與國際同步於 2003 年制訂卡塔赫納法，作為日本國內基因改造活體的管理規範。依據該法令取得使用・栽培許可的基因改造生物超過 100 件以上，不過，限制栽培的自治體也很多，目前日本國內的基改作物商業栽種仍屬限定栽種。已商業化的基改栽培案例有藍色玫瑰等。

船舶壓艙水及沉積物管理國際公約

船舶為了保持平衡，必要時會汲取海水至船艙內，增加船身的「重量」，這就是所謂的壓艙水。壓艙水會依據貨載狀況進行汲入或排放的調節，以保持航行過程的穩定性。壓艙水往往攜帶了出港地的水生生物，隨著船舶移動到另一個地區，在異地港口因裝載貨物而被排放。國際上曾經發生過壓艙水帶來的水生生物在排放港大量繁殖，威脅原生種生物存續的事件，也有發生過堵塞發電廠進水口的案例。

國際海事組織（IMO）為避免船舶任意排放不同地區的壓艙水，於 2004 年訂定壓艙水公約，規範壓艙水的排放標準與相關管理事宜，於 2016 年 9 月達到「IMO 公約簽署國超過 30 國」、「簽署國船隊總噸位超過全球船舶總噸位的 35%」這兩個生效門檻，遂定於 2017 年 9 月 8 日於全球正式實施該公約，所有航行國際線船舶皆須遵守公約規定。日本於 2014 年成為簽署國，並著手修訂「海洋汙染暨海上災害防止法（海洋汙染防止法）」，以符合壓艙水公約的規定。修訂法與壓艙水公約同步，也於 2017 年正式上路。

外來種

外來種是指原本不在某地區生息的物種，因為食用或寵物飼養等目的，以人為力量自境外移入的動植物。自明治時期以後，在日本國內經確認記錄的外來種生物大約有 2000 種之多。其中，會與原生物種發生競爭，或與原生種雜交，破壞當地生態平衡的入侵種外來種也不少。以奄美大島為例，當地為了防治猖獗的毒蛇，引進了食蛇獴，結果也引起了食蛇獴捕食稀少特有種奄美短耳兔的問題。

2005 年的 6 月，日本開始實施外來生物法，明訂入侵種以及可能危害人體健康、農林水產業生產的外來種為「特定外來生物」，一經指定為特定外來生物後，一律禁止進口、養殖、栽培、販售、持有、遷移和遺棄，並需予以驅除、防治。只要是可能會造成生態浩劫的外來生物，毫無容赦地「禁止入境」日本，並以立法的手段，從法律面規制是非常重要的一環。已經飼養的外來生物禁止「遺棄」，以免流入野外，在野外繁殖建立族群。「嚴禁人為擴散」也是非常重要的一環。

日本外來生物法於 2013 年修訂，若發生進口貨物中混入特定外來生物，即便無故意意圖，仍須負法律責任。

WBCSD
（世界企業永續發展委員會）

WBCSD是一個由認同永續發展來自經濟增長、環境保護和社會進步3大支柱的企業，共同聯合成立的國際性企業組織。WBCSD成立於1991年，總部設於瑞士日內瓦，成員遍布全球30多個國家和20種主要產業，約有200家跨國的大型企業參與活動。除此之外，WBCSD還與全球60個經濟團體常態合作，共同展開活動，對全球的產業界具有莫大的影響力。

日本企業有豐田汽車和東芝等共19家公司加入。WBCSD的主要活動為推動「生態效益」和CSR，並促進其普及化。具體的說，就是對相關政策和法規的研討建議以及企業成功案例的推廣。例如，受國際標準組織（ISO）的邀請，針對環境管理系統建立國際規範標準，其他如提倡生態效益等。所謂的生態效益，是指能夠降低環境負荷的附加價值。企業產生的附加價值可以一個簡單的公式表現，即產量、營業總額等除以對環境之衝擊。生態效益提高代表環境經營績效提升。

聯合國全球盟約

聯合國全球盟約是以促進企業和團體永續發展為目標而發起的一項倡議行動。1999 年，時任聯合國秘書長的科菲 · 安南在「世界經濟論壇（達沃斯會議）」年會上，提出全球盟約計畫，並於 2000 年 7 月在美國紐約聯合國的總部正式啟動。盟約使得全球各地的企業、國際勞工組織以即非政府組織等相關各方結成合作夥伴關係，截至 2017 年 9 月止，全球有 162 個國家、1 萬 3000 個團體（其中有 9531 家為企業會員）參與簽署。

為了解決企業全球化經營所遭遇到的各種問題，特為企業在人權、勞工和環境等領域制定 10 項普遍原則。這 10 項為企業所應遵守的原則，在人權與勞動方面包含保障勞工的人權、支持結社的自由、消除一切形式的強迫和強制勞動、廢除童工、消除就業和職業方面的歧視等等。在環境方面包括採取主動促進環境保護、驅動開發並推廣友善環境的技術等等。另外還有致力於反對一切形式的腐敗，包括敲詐和賄賂。

GRI
（全球報告倡議組織）

GRI 是一個為企業制定永續報告書的國際標準與指南的非政府組織，總部位於荷蘭。GRI 的特點之一就是重視利害關係人的意見，透過各種溝通與議合的流程，了解其所關注的議題。GRI 於 2000 年發佈第一代 GRI 指南，此後不斷強化指南的內容，並於 2011 年公布 GRI G3.1 版本，2013 年發佈 GRI 第 4 代版本（簡稱 G4），2016 年推出 GRI 全球標準。GRI 指南要求企業在報告書上應揭露公司對經濟、環境及社會，所謂的「三重底線」的管理方針和績效指標等。經濟面的指標有業績達成率等，環境面的指標有原物料、能源、水資源、生物多樣性等，社會面的指標則有勞工實務與尊嚴勞動、與地區、社會的關係等。GRI G4 版本更加重視重大性議題，同時，「重大性分析」成為依循 G4 框架的報告都必須揭露的指標，因為清楚說明重大性分析的鑑別過程，才能得知企業判斷重大性議題的「另一面」。

重大性議題

重大性議題的原文為 Materiality，亦即「重大性」、「重要課題」之意。原本是會計用語，指對財務造成重大影響的要因。在 CSR（企業社會責任）範疇，則是指各式各樣的議題當中，既會對企業、也會對利害關係人造成重大衝擊的議題。也就是說，企業必須優先擬定策略、採取行動的議題。行業種類、行業狀態不同，重大性議題也就不同。企業在履行 CSR 時，只要是與 CSR 有關的議題就納入考量、因應的企業不少。相對於此，近幾年則傾向於允許企業將其關注重點集中在特定的重大性議題，以提高實質的執行效益。制定國際上通用的「永續報告書」框架的 GRI，於 2013 年 5 月正式發佈 GRI 第四代版本「G4」，同樣重視重大性議題。日本有非常多的企業依循 GRI 發佈的指南編制公司的環境、CSR 報告書。

衝突礦產法

衝突礦產是指剛果民主共和國及其周遭國家之礦區所開採出來的金（gold）、錫（tin）、鉭（tantalum）、鎢（tungsten）等四種礦產。從走私這些資源所獲得的利益，不但可能成為支持武裝叛亂集團的財源，而且這些礦產都是在強迫勞動和非人道對待勞工的情況下挖掘出來的。

有鑑於此，國際間積極研擬使用規範，以遏止情況繼續惡化。美國於 2010 年 7 月通過華爾街再造與消費者保護法（Dodd-Frank，多德 - 弗蘭克法），按其中的條文規定，所有在美國公開上市的公司，必須針對他們的產品裡所使用的錫、鉭、鎢、金，向美國證券交易委員會做資訊揭露與報告，確保這些金屬並不是來自剛果民主共和國及其周邊 9 個國家。

根據美國地質調查所的報告，主要用於生產高科技產業電容器的鉭，剛果的產量佔全球消耗量的 17％以上（2014 年度）。非政府組織國際特赦組織（Amnesty International）甚至指出鋰電池的重要成分鈷是靠童工等挖掘出來的。全世界有超過一半的鈷都來自剛果，鈷礦一旦被列入為第 5 種衝突礦產，將對全球產業鏈造成重大影響。

工商企業與人權指導原則

為了解決跨國企業所引發的人權議題，元聯合國秘書長安南任命哈佛大學的約翰．魯格教授（John Ruggie）為「聯合國秘書長特別代表」，負責制訂保障人權政策的框架。2008 年，魯格發表「魯格框架」，倡導國家有義務保護人權、企業有責任尊重人權、人權受害者有機會獲得補救。2011 年，聯合國通過了實施魯格框架的「工商企業與人權指導原則」。為了檢視人權管理的狀況，也倡導企業實施盡職調查，對其全體供應鏈實施風險鑑別，找出人權的負面衝擊，並研擬後續改善機制。此一想法也在 ISO26000 及經濟合作暨發展組織（OECD）所頒布的「OECD 跨國企業指導綱領」中具體呈現。

ISO26000

國際標準化組織（ISO）制定的 ISO26000 為一份與企業組織的社會責任（SR）有關的國際標準。ISO26000（社會責任指引）於 2010 年 11 月發行，設定的對象為所有的企業組織。對企業組織來說，ISO26000 可視為國際共通的 CSR（企業社會責任）規範。

ISO26000 的最大特徵是提供指引而非驗證要求，它不像品質管理系統 ISO9000 和環境管理系統 ISO14000 那樣具有要求事項，可以轉換作為驗證用的標準，也不會有公司宣稱自己通過 ISO26000 驗證的狀況出現，它不具有受第三分驗證的適用性。ISO26000 的性質並不是一個管理系統標準，所以它的重點擺在提供具體的、可操作的實務指引。包含人權、勞工實務、環境等社會責任相關的 7 個核心議題，列舉了超過 400 個以上的最佳實務，此一部分即佔去整份指南的一半。

對想要與國際社會接軌履行社會責任的企業組織來說，ISO26000 是幫助企業組織實現 CSR 的有效指引。

ISO20400

2017 年發行的 ISO20400 永續採購指南標準，是一份與永續性的採購有關的全新國際標準。與 ISO14000 等系統不同，ISO20400 屬於引導意圖轉為行動的指南標準，並不是管理流程標準。因此，企業無須按表操課、照著規範去做，但對在永續採購上起步較晚的企業來說，它可以提供指標，作為企業從何處優先著手的參考。

ISO20400 主要有 3 個特徵，首先是除了企業自身以外，它還能夠協助企業妥善管理與供應鏈之間的關係。其次，ISO20400 適用於所有的企業組織，不論所在區域、規模大小、公營或民營。最後一個特徵是無論是經營階層、採購部門的高階主管、與採購職務有關的實際執行者，針對每一個對象皆明確說明如何進行採購作業以符合企業組織的目標與目的。

ISO20400 同時納入了「責任說明」、「倫理行動」、「尊重利害關係人的權益」等，可做為 ISO26000 企業社會責任指南的補充，能夠促進企業組織善盡社會責任。透過 ISO20400 的實踐，在高度倫理道德感的驅策下，企業組織可以藉由永續採購行動降低供應鏈對於環境的衝擊、維護供應鏈人權、勞動等。

LCA
（生命週期評估）

LCA（Life Cycle Assessment，生命週期評估）是從產品的整個生命周期對環境造成的衝擊，以綜合的、科學的、客觀的角度做定性和定量的評估。產品的生命周期包括原物料取得、生產、運輸、廢棄、回收等全部的階段。

針對每一個階段的投入，資源和能源的消耗以及產出環境汙染物和廢棄物的排出等對環境的影響，予以彙整與評估。透過LCA評估，企業可以有效掌握產品整個生命週期的投入和產出，並將結果應用於產品研發和最佳化設計。例如，有些產品在使用的過程中雖然碳排量很低，但如果加算生產和廢棄階段所排放的二氧化碳量，該產品對環境的衝擊就變得很大了。LCA可以幫助企業客觀地辨識出環境衝擊究竟發生在產品生命週期的哪個階段？

進而採取行動降低衝擊、負荷。LCA分析手法又有生命週期盤查分析法及產業關連分析法兩種。前者是蒐集並計算產品在生產過程中，各個階段各類資源、能源的投入與廢棄物等的產出為分析目標，彙整、加總計算出對環境造成的負荷。後者運用涵蓋不同產業、產品的產業關聯表，以表列金額為基礎核算特定產品的環境負荷。國際標準化組織（ISO）也制定了關於LCA的ISO系列標準。

森里川海

森里川海是支持民眾生活與企業活動的生態系統服務的象徵。森、里、川、海透過流域一脈相承，相互連結、相互影響。

近幾年來，森里川海彼此間的連結被阻絕，各自也都出現品質下降的現象，這些現象又因為氣候變遷的影響變得更加嚴重。眼看著森里川海整體環境日益惡化，日本環境省在 2014 年 12 月發起復育、重現森林、河川、里山和海洋生態的活動，成立「串起、支持森里川海」工作小組，以重新連結森里川海、連結與森里川海有關的人、連結全體國民共同保護森里川海為目標。2016 年 9 月正式發表宣言，揭示前述計畫的目標和基本原則，並提出了 8 個地方創生的計畫，包括應用生態系統的防災對策社區、打造重現地產食材的水循環社區、重現白鷺鷥和紅鷺鳥飛舞的社區等。這些計畫預計以 2~3 年的時間在確保資金無虞的狀況下創造出模範案例。

此外，關於支持森里川海的必要性，也訂出了目標，那便是以得到全體國民的認同，進行生活型態的變革，培養貼近自然、與自然共遊的下一代。

永續的里山自然資本經營

SDGs與ESG時代的生物多樣性全球趨勢

原 書 名：SDGsとESG時代の生物多様性・自然資本経営

作　　者　藤田香
封面繪者　關口彩
譯　　者　沈盈盈

發 行 人　林華慶、張豐藤
總 策 畫　林華慶、廖一光、林澔貞、汪昭華、邱立文
策　　畫　羅尤娟、黃綉娟、鄭伊娟、石芝菁、陳彥伶
諮詢專家　柳婉郁、莊苑仙、黃世輝、蔡璧如
編輯顧問　洪美華
封面設計　盧穎作
責任編輯　吳文琪、莊佩璇、謝宜芸
編輯小組　黃麗珍、何　喬

出　　版　農業部林業及自然保育署
　　　　　社團法人台灣環境教育協會
代理發行　幸福綠光股份有限公司
印　　製　中原造像股份有限公司
初　　版　2020年12月
二　　版　2023年12月
定　　價　新臺幣380元（平裝）

永續的里山自然資本經營：SDGs與ESG時代的生物多樣性全球趨勢／藤田香作；沈盈盈譯. -- 二版. -- 高雄市：台灣環境教育協會；臺北市：農業部林業及自然保育署，2023.12
面；　公分
ISBN 978-986-91132-8-1（平裝）
1. 企業管理 2. 永續發展 3. 環境保護 4. 生物多樣性
494　　112008981

ISBN　978-986-91132-8-1
GPN　1011201911

國土生態綠網